자연을 올린 제철밥상

자연을 올린 제철밥상

EBS 〈최고의 요리비결〉 윤혜신의
구황작물로 만드는 101 건강 레시피

윤혜신 지음

영진미디어

봄.
봄나물,
그 질긴
생명력

여름.
푸성귀,
어디나 텃밭

가을.
열매와 뿌리,
뚝뚝 떨어지고
쏙쏙 파내고

겨울.
묵나물과 잡곡, 봄부터 가을까지의 선물

인사말

제 요리 인생에서 가장 큰 영향을 끼친 분들은 윤수부 옹과 이화 례 여사입니다. 이분들의 이름이 낯설지요? 제 할아버지와 할머니 이십니다. 제가 태어나서 자라고 결혼해서 따로 살림을 차릴 때까 지 살아계셨던 분이십니다. 얼마나 많은 끼니를 할아버지, 할머니 와 먹었던지요. 매일같이 세 끼를 지어서 해먹던 시절이었으니 어 린 시절을 떠올리면 온통 할아버지, 할머니와 먹고 놀고 자고 했던 일들이 생각납니다.

할아버지의 식사 철학은 '한 숟가락 덜 먹자', '밖에서 산 음 식은 해롭다'입니다. 할머니의 식사 철학은 '시장이 반찬' 그리고 '먹을 것을 버리는 것은 죄다'입니다. 익숙하면서도 조금은 이상하 게 들릴지 모르겠지만, 전쟁과 기아를 겪으며 살아오신 세대라 그 럽니다. 할머니는 늘 집의 안팎에서 먹거리를 위해 잔일을 즐겨 하 셨습니다. 장독대 한쪽에 감자를 썩혀서 녹말을 만들고, 도토리를 까고, 호박을 말리고, 보리 싹을 틔워 엿기름을 만들고, 해가 나면 장독대 뚜껑을 열고, 비가 오기 전에는 얼른 뚜껑을 덮으시고……. 지하실에는 새우젓과 액젓이 말갛게 익어가고 있었습니다. 할머니 는 장독대에서 이 항아리 저 항아리 보살피며 장아찌를 담거나 시 래기를 걷어 말리시곤 했습니다. 시루에 떡을 안치고, 가마솥에서 조청을 고고, 도가니를 끓이고, 절구에 고추를 찧어서 빻고……. 할머니와 함께 자란 어린 시절은 제게 복이었습니다.

친할머니뿐 아니라 방학 때마다 시골에 계신 외할머니댁에서 지냈던 시절도 무척이나 행복했습니다. 외할머니는 동네에서 소문난 솜씨장이여서 동네잔치에 늘 불려가 잔치 음식을 주관하곤 했습니다. 다식이며 한과, 강정과 정과, 수정과와 식혜 등 모든 음식을 정성 들여 만드셨습니다. 어린 시절, 나를 키워준 음식은 바로 할머니들이 오랜 시간 말리고 갈무리해서 만든 우리네 전통 음식들이었고 오랜 시간이 걸려서 천천히 만들어진 음식이었습니다.

그분들은 이제 모두 돌아가셨지만, 아직도 머릿속에, 가슴 속에 남은 영혼의 음식은 할머니가 만들어주셨던 그런 소박한 음식들입니다. 아플 때 정말 며칠씩 끙끙 앓고 나서 제일 먹고 싶은 음식도, 속상해서 며칠씩 가슴앓이를 하다가 기운을 차리려고 문득 생각한 음식도, 누군가에게 정말로 만들어 주고 싶은 음식도 모두 다 그 시절에 먹었던 음식들입니다.

도토리묵, 나물밥, 짠지 지짐, 쑥개떡, 호박범벅, 묵은지……. 그런데요, 이 소박하면서도 어쩔 땐 하는 수 없이 먹었던 음식들이 지금은 치유식이 되었습니다. 지나치게 바쁜 삶 속에서 몸의 균형이 깨져서 구황 음식들이 치료식으로, 또 지친 마음을 따스하게 해주는 치유식으로 다시 해석되고 있습니다. 참 이상한 일이죠. 굶어 죽지 않으려고 먹었었던 음식이 이제 몸을 구하는 음식이 되다니 모순이기도 합니다.

달려가던 걸음을 멈추고 잠시 예전을 돌아보는 시간을 가져보는 것은 어떨까요? 몸과 마음을 잠시 내려놓고 쉬어가는 것입니다. 무엇이 정말 중요한 것인지에 간단하고 분명한 답이 있다면, 조금 적게 갖고 살았던 그때로 돌아가서 조용히 나를 되돌아보라는 것이지요.

13년 전, 나만의 시간에 맞춰 살기 위해 시골로 내려왔고 계절의 흐름에 따라 밥을 지으며 살다 보니 예전에 먹었던 음식들이 얼마나 건강하고 맛있는 음식이었는지를 새삼 깨닫게 되었습니다. 집에서 담근 장으로 간을 맞추고 산과 들에서 주는 나물과 채소와 과일이, 거칠지만 삼삼하게 먹는 음식이야말로 내 몸을 구하는 음식이고 내 마음을 구하는 음식이라는 것을 알았습니다.

내 안에 깃든 할머니와 어머니의 마음을 비로소 받아들입니다. 밭을 가꾸고, 들꽃을 관찰하고, 나물을 캐고, 나무를 키우고, 열매를 줍거나 따고, 강아지와 고양이의 밥을 주고 매일 밥을 지으면서 스스로 생각합니다. 자연이 주는 것을 그대로 받아 소박하게 살림하는 일은 나와 이웃을 살리는 아름다운 노동이라는 것을요.

2016년 봄에
돌모루댁 윤혜신 모심

꼭 알고 싶은,
구황작물 음식에 관한
10가지 이야기

01 구황작물이란

그 옛날, 가뭄이나 장마, 혹한 등의 영향으로 흉년이 들었을 때 우리 할머니, 할아버지는 자연에서 이리저리 채집했던 농작물로 슬기롭게 기근을 견뎠는데 이 음식을 '구황작물'이라고 합니다. 대비한다는 뜻에서 비황작물(備荒作物)이라고도 부르지요. 구황작물은 날씨에 크게 구애받지 않으며 비교적 생육 기간이 짧고, 산과 들, 논밭, 호숫가 등 땅이 거칠어도 자랄 수 있습니다. 옥수수, 고구마, 감자, 토란, 메밀, 칡 등이 대표적인 구황작물인데 먹을 것이 그다지 넉넉지 않았던 옛날, 구황작물은 우리의 생명과 건강을 지켜 주는 역할을 톡톡히 했습니다.

02 구황작물은 곧 제철 음식이기도 하다

과거에는 주된 농사를 망칠까 염려하여 고구마, 감자, 메밀과 같이 제2작물을 심어 대비하였습니다. 구황작물 자체가 그 계절에 가장 많이 나오는 재료들인데, 자연스레 제철재료를 먹게 되니 구황작물을 제철 음식이라고 할 수 있습니다. 그때그때 상황에 따라 구한 음식이 구황작물, 곧 제철 음식이며 진정한 로컬푸드이면서 동시에 슬로우푸드입니다. 그래서 건강 음식일 수밖에 없는 것이지요.

03 왜 구황 음식이어야 할까

요즘은 일명 '집밥'을 제대로 먹기 힘든 세상입니다. 인스턴트식품처럼 조미료가 첨가된 새로운 음식이 쏟아져 나오고, 유통과 보관법이 발달하면서 저장식품도 많이 늘어났습니다. 동네 마트에 가면 자연식품보다 가공식품의 양이 훨씬 더 많은 것을 볼 수 있지요. 이렇게 음식을 자연 상태로 먹지 않기 시작하면서 불필요한 영양소와 첨가물을 많이 섭취하게 되었습니다. 가공식품 섭취는 영양 불균형, 영양 과다 문제가 되어 대사증후군과 같은 생활습관병, 성인병으로 이어져 많은 사람이 크고 작은 질병에 시달리고 있습니다. 너무 많이 먹어서 생긴 질병이라 해도 모자라지 않을 정도입니다.

그러자 이런 생활습관병을 치료하기 위한 식이요법으로 당 지수가 낮고 섬유질, 미네랄 등 영양소가 풍부한 재료 그리고 덜 달고, 덜 짜고, 덜 자극적인 음식이 건강식품으로 주목받고 있습니다. 여기에 가장 알맞은 식품은 구황작물입니다. 예전에는 굶어 죽지 않으려고 먹었던 구황 음식들이 아이러니하게도 이제는 살려고 먹는 치유 음식이 된 것이지요. 우리에게 건강한 음식이란 소박하고 수수했던 우리네 할머니의 밥상이 아닐까 싶습니다. 여러분도 이렇게 다소 거칠면서 단단하고 거무스레한 구황 음식들로 조금 덜 먹고 덜 배부른 식생활을 꾸려나가는 건 어떨까요?

04 구황작물은 쉽게 구할 수 있다

수확한 구황작물을 바로 사서 오래 묵히지 않고 조리해 먹는 것이 기본적인 식생활의 원칙입니다. 그래서 저장된 것보다 제철에 산지에서 나온 것을 사는 것이 영양이나 맛, 가격 면에서 가장 좋은 것이지요. 요즘은 전국 대부분 지역에서 구황작물이 재배되고 있어 특산지의 의미가 조금씩 사라지는 추세입니다. 농가에서 바로 직배송하는 시스템도 늘어 그들과 연계하여 농작물을 받아 보는 것도 좋고, 지역 생활협동조합 등에 가입하여 제철 유기농 식품을 꾸준히 소비하는 것도 건강한 식생활을 하는 동시에 자연환경에 도움이 되는 일이지요. 때로는 스스로 텃밭을 가꾸어 텃밭농사를 지어보는 건 어떨까요? 도시에서도 약간의 노력만 기울이면 베란다 농사, 화분 농사를 지어 자연과 농사의 기쁨, 손수 재배한 음식 재료의 귀함도 느낄 수 있을 것입니다.

05 구황재료 손질과 보관법

보통 식품은 보관을 오래 하면 할수록 영양과 맛, 신선도가 떨어지므로 먹을 만큼 사서 바로 섭취하는 게 가장 좋습니다. 구황작물 역시 보관보다 섭취가 목적이지만, 어쩔 수 없이 보관해야 할 경우엔 말리거나 염장, 당장, 산장을 하고 얼리기도 합니다. 다음을 보고 구황재료를 손질하는 법, 보관하는 법을 알아봅니다.

잡곡 잡티를 고르고 썩거나 부서진 잡곡을 골라낸 뒤에 그늘에 잘 말려 바람이 잘 통하는 시원한 그늘에 보관한다. 되도록 껍질째 먹는다.

알뿌리(구근) 캐고 나서 잘 말린 다음 보관한다. 얼리지 않고 실온에서 서늘하게 둔다. 어둡고 시원해야 나쁜 싹이 나지 않는다. 만약 얼게 되면 맛이 현저히 떨어지고 곧바로 썩으므로 오래가지 못하니 주의한다.

나물과 채소 다듬어 씻어 쓰고, 오래 보관할 것은 데쳐서 말린다. 바람이 통하는 햇볕에서 말리는데, 말리는 과정에서 비타민 D와 칼슘 등의 영양소가 늘어나기도 한다.

열매 과일은 시원한 곳에 보관하고 밤, 은행, 호두, 잣 등 견과류는 껍질째 보관해야 오래간다. 껍질을 까면 산패가 쉬우므로 냉동 보관한다.

민물고기와 생선 깨끗이 씻어 비늘을 긁거나 내장을 빼고 염장하여 말리거나 보관하고 때론 얼리기도 한다.

06 구황작물
건강하게 먹기

구황작물은 기름에 굽거나 튀기기보다는 주로 물에 찌거나 삶거나 죽, 범벅의 상태로 먹는 것이 소화도 잘되고 건강에도 좋습니다. 잡곡은 잘 익혀서 밥이나 죽 형태로 먹고 나물과 채소는 여러 가지 장에 무쳐 먹습니다. 알뿌리(구근) 종류는 잘 삶거나 쪄 먹기도 하고 잡곡 가루와 같이 범벅이나 죽을 쑤어 먹기도 하지요. 구황 음식은 간을 담백하게 하고 양념이 과하지 않게 조리하는 것이 특징입니다.

구황작물은 정제되지 않은 자연적 식품이므로 모자라는 섬유소를 비롯한 비타민과 무기질을 보충해주며 생활습관병에 도움이 됩니다. 또한, 비만을 개선해서 활력 있는 몸을 유지해줍니다.

07 구황 음식에
어울리는
건강한 양념

1 | 간 맞추기: 간장, 고추장, 된장, 천일염

음식의 간은 되도록 정제된 소금이나 설탕 대신에 콩으로 담가 발효시
킨 간장, 고추장, 된장으로 합니다. 장으로 간을 맞추면 맛도 뛰어나고,
소금간보다 많은 단백질과 지방 등을 섭취할 수 있지요. 되도록 집에서
담근 장을 쓰며, 시중에 나온 장은 빠르게 숙성된 데다 첨가물과 수입
재료가 들어 있을 수 있으니 유념해서 사도록 합니다.

2 | 기본적인 양념재료: 마늘, 파, 들기름, 조청, 깨소금 등

마늘, 파, 생강 등에 들어 있는 항산화제는 빼놓을 수 없는 필수 영양소
이지요. 그리고 우리 음식 어디에나 조금씩 들어가는 향신채는 맛뿐만
아니라 영양도 완성해주는, 요리의 포인트라 할 수 있습니다.
깨소금과 들기름은 오메가 3과 6이 풍부하며 특히 들기름에는 오메가
12까지 들어 있어 여러 음식에 조금씩 넣어 먹으면 산성화된 체질도 바
뀔 수 있습니다. 정제된 식용유 대신 들기름, 참기름을 먹으면 영양의
균형도 챙길 수 있지요.
음식의 단맛을 내는 조청과 각종 청은 정제된 백설탕이나 인공감미료
등의 부작용을 줄이고 부드럽고 자연스러운 단맛을 냅니다. 열량을 낮
추고 영양가는 높이는 감미료도 조청, 천연 꿀, 과일 및 채소를 발효시
킨 청을 쓰는 것이 좋습니다.

08 궁합이 좋은
구황 음식(재료)

흰살생선(조개)과 미나리(쑥갓)	두부와 미역
미역과 마늘	된장과 부추
쌀과 쑥	쌀뜨물과 죽순
토란과 다시마	시금치와 참깨
콩국과 밀국수	아욱과 새우
약식과 대추	당근과 기름

09 증상별 식사 요령
몸이 아플 때 더
잘 회복하기 위한
식사 요령

1 | 고혈압 저지방, 저나트륨 식단으로 섭취한다. 기본적으로 나트륨을 배출하는 성분인 칼륨이 풍부한 식사를 권한다. 혈관을 깨끗이 해주는 식이섬유도 좋다. 양파, 해조류, 등푸른생선, 버섯, 채소 및 과일 등

2 | 당뇨 낮은 당이 기본이며 잡곡 현미밥과 신선한 채소와 질 좋은 단백질을 섭취한다. 돼지감자, 보리, 청국장, 통보리, 우엉, 콩 등

3 | 암 환자 자연식 위주로 균형 잡힌 식사를 권장한다. 집에서 담근 장으로 간을 맞추고 항암 효과가 있는 신선한 채소들을 고루 섭취한다. 마늘, 토마토, 율무, 현미, 샐러리, 콩, 버섯, 된장, 말린 표고버섯 등

4 | 아토피, 천식, 알레르기 가공식품을 절대 피하고 알레르기 유발 인자를 피한다. 호두, 김치, 도라지, 흰살생선, 멸치, 시금치, 수박, 배 등

5 | 만성 변비 섬유질이 많고 수분을 보충해주는 식품을 섭취한다. 현미, 고구마, 미역, 청국장, 시래기, 냉이 등

6 | 만성 두통 대표적인 심인성, 기질성 질환 중 하나다. 평소에 느긋한 마음으로 생활하는 게 도움이 된다. 장어, 양배추, 시금치, 칡, 계피, 매실, 파 등

7 | 위염 소화흡수가 편하고 위벽의 염증과 재생에 도움이 되는 음식을 섭취한다. 양배추, 깨, 단호박, 마, 브로콜리, 토마토, 감자, 사과 등

8 | 골다공증 칼슘의 양과 체내 흡수율이 높은 식품 위주로 섭취한다. 멸치, 무말랭이, 묵나물, 청경채, 두부, 해조류, 솔잎, 표고버섯 등

9 | 관절염 기름기가 많은 육류와 가공식품을 피하고 신선한 채소 위주의 식생활을 한다. 생선, 토마토, 사과, 달걀, 시금치, 귤, 감자, 율무, 모과 등

10 | 우울증(스트레스) 신경계에 작용하여 이완작용을 해주는 식품을
섭취한다. 고추, 상추, 돌나물, 토란, 현미, 견과류, 버섯, 녹색 채소 등

11 | 비만(다이어트) 저열량 식사를 권한다. 이뇨작용이 있는 식품을
섭취하며 꾸준히 균형 잡힌 식사를 한다. 감자, 참깨, 율무, 팥, 옥수수, 김, 녹두,
메밀, 양배추, 무, 오이, 호박, 우엉, 연근, 도토리묵 등

12 | 허약한 체질 소화가 쉬운 음식을 먹고 체력을 보강해주는 음식을
골고루 먹는다. 벌꿀, 돌미나리, 조기, 조(기장), 깨, 호두, 찹쌀, 콩가루, 마, 현미 등

10 그밖에 친환경에 관한 이야기

1 | 친환경 농산물의 단계

1단계 저농약 농약과 비료를 약간 준다.

2단계 무농약 농약은 주지 않고 비료는 준다.

3단계 유기농 농약과 비료를 주지 않은 농산물이다.

2 | 주의해야 할 것

식품첨가물 식품첨가물에는 방부제, 인공감미료, 화학조미료, 착색제, 합성팽창제, 산미료, 탈색제, 살균제 등이 있습니다. 식품첨가물이 들어간 가공식품(인스턴트)을 오랜 기간 먹으면 각종 질병이 생기고 몸이 노화되며 결과적으로 건강을 해치게 됩니다. 우리에게 너무나도 익숙한 라면, 과자, 아이스크림, 음료수, 햄과 소시지 등이 가공식품인데, 섭취량을 줄이거나 물에 한 번 데쳐 먹으면 식품첨가물이 줄어들어 본인이 양을 조절할 수 있습니다. 물론 가장 이상적인 식생활은 인스턴트 식품을 아예 먹지 않는 것이겠지요.

GMO(Genetically Modified Organism, 유전자 재조합 식품) GMO란 유전자 재조합 식품으로, 유용한 유전자끼리 만나 새롭게 만들어진 식품입니다. 일반적으로 우리가 잘 알고 있는 옥수수, 콩 등의 식량이 개량되고 있고, 그 외에도 가뭄 같은 자연재해에도 끄떡없는 유전자를 이용한 농산물을 재배하고 있습니다.

그러나 한 연구진이 쥐에게 GMO 식품을 먹여 실험해보니 각종 병을 유발할 수 있다는 문제가 밝혀졌고 이외에도 종자 독점, 생태계 오염 등의 문제가 꾸준히 제기되고 있어, GMO의 안전성이 의심되고 있습니다.

우리나라에 들어오는 많은 GMO 작물들은 주로 축산의 사료로 쓰이지만, 우리가 매일 먹는 콩기름, 옥수수기름, 두부, 두유 등 여러 가공품에 널리 쓰이므로 음식 재료를 살 때 주의해야 합니다.

일러두기

* 본 요리는 예전에 구황작물로 해먹었던 음식들을 현재에 맞게 선별하였으며 집에서도 쉽게 만들 수 있도록 간편한 방법과 재료 등을 사용하였습니다.

* 재배 방법이 발달하여 계절별로 중복되는 구황작물이 있을 수 있습니다.

* 본 요리에 사용된 레시피는 보통 4인 기준입니다. 레시피대로 요리를 하면 예시 사진(1~2인분)보다 더 많은 양의 요리가 나오게 됩니다.

* 계량 기준은 1컵=200mL, 1큰술=15mL, 1작은술=5mL로 표준 계량법을 사용하였습니다.

* 밥은 기본적으로 전기 압력밥솥을 사용하였습니다. 일반 압력밥솥으로 밥을 짓는 방법은 별도로 기재하였습니다.

* 쌀은 오분도미와 현미를 기준으로 사용하였습니다.

* 쌀, 보리는 불리면 약 10% 정도 부피가 늘어나고 콩이나 녹두는 2배 가까이 늘어납니다.

* 조와 기장은 약간 다르지만, 성분이나 효능이 거의 비슷하여 본 요리에서는 같은 것으로 다루었습니다.

* 밀가루는 우리 밀 통밀가루를 기준으로 사용하였습니다.

* 된장, 고추장, 간장은 직접 만든 장이 기준입니다. 본문에서는 간장을 편의상 '국간장'으로 표기하였습니다.

  집간장, 국간장, 조선간장 모두 전통 방식으로 만든 우리네 간장입니다. 시중에서 파는 국간장을 비롯, 진간장은 첨가물이 조금은 있지만, 집에서 간장을 담기엔 여의치 않다면 사용해도 괜찮습니다. 진간장은 주로 조림이나 볶음에 쓰이며 맛이 달고 진해서 전통 음식엔 조금 부적합합니다. 국간장은 맛이 달지 않고 감칠맛과 깊은 짠맛이 있어 국이나 나물 등에 사용하기에 좋습니다.

* 소금, 설탕, 감미료 등의 양념은 천일염과 원당(정제되지 않은 설탕), 조청을 기준으로 사용하였습니다.

* 식용유는 현미유를 기준으로 하나 시판되는 식용유(콩기름, 포도씨유 등)를 쓸 수 있습니다. 단, GMO(유전자 재조합 식품)가 들어 있는 것은 피해주시기 바랍니다.

* 양념의 기름은 들기름, 참기름을 기준으로 합니다.

* 본 요리 중 '지짐'은 전이 아닙니다. 지짐은 보통 전을 뜻하는 말이기도 하지만, 물을 부어 끓이는 요리도 지짐이라고 합니다.

* 모든 재료는 국내산을 사용하였습니다.

구황작물
제철
달력

사실 요즘 구황작물은
재배법이 발달해 연중 내내
살 수 있거나 오랫동안
저장이 가능하여 계절별로
구분하는 것이 어쩌면
무의미할지도 모릅니다.
그렇지만, 더 건강한
식생활을 위해 가장 맛이
좋은 때와 가장 영양소가
풍부할 때를 알면 요리하는
데 도움이 될 것입니다.

봄
여름
가을
겨울

*
제철 시기는 국내에서의 노지재배
(자연재배)를 기준으로 하였습니다.
*
묵, 마른미역, 비지, 청국장은
재료를 다듬은 것이어서 연중 내내
먹어도 좋습니다.
*
머위의 잎은 4~5월, 머위 줄기는
6~7월에도 먹습니다.
*
오징어는 봄을 제외하고
다 잡히지만 가장 맛있을 때는
가을, 겨울입니다.

	1	2	3	4	5
통밀					
미역					
시금치					
코다리					
애호박고지			냉이		
미나리					
통보리					
청국장				애호박	
조기					
죽순					
꼬막			솔잎		
우엉				다슬기	
				상추	
고사리					
연근				곤드레	
				새우젓	
낙지				고들빼기	
오이					
부추					
비지					
봄동					
취나물(곰취)					
두릅					
돌나물					
곶감			참나물		
파래			머위		
달래					
쑥					
민물고기					

	6	7	8	9	10	11	12
					들깨	톳	
					마		미역
	감자					시금치	
		양파			배추		코다리
					박속		애호박고지
		수박		미나리			
				콩(대두)			
	풋고추				더덕		
							청국장
				조기			
	깻잎				가자미		
	보리수			도토리			
				밤			
				수수		꼬막	
				우엉			
					무		
	얼갈이						
				연근			
			고구마				
				낙지			
				메밀			
					시래기		
				우렁이			
				귤			
	가지				호두		
				보리새우			
				단호박			
					늙은 호박		
				검은콩(서리태)			곶감
		옥수수			조(기장)		
				팥			파래
		열무			사과		
				배			
				고등어			
				묵(도토리, 메밀)			
		오징어					
					홍시		
				토란			
				추어(미꾸라지)			

봄
spring

봄
나
물
,
그
질
긴

생
명
력

봄 *spring*

냉이

곰취

양파

달래

봄동

미나리

돌나물

쑥

	통밀	묵은 것은 냄새가 나고 색이 어두우므로 햇통밀로 통통하며 밝은 색깔이 좋다. 가루는 뭉쳐지지 않고 고운 입자로 고른다.

통밀: 묵은 것은 냄새가 나고 색이 어두우므로 햇통밀로 통통하며 밝은 색깔이 좋다. 가루는 뭉쳐지지 않고 고운 입자로 고른다.

솔잎: 외래종보다는 토종 솔잎이 향이 짙고 좋다. 침잎이 2개씩 있는 것이 한국 솔잎이다.

조기: 색이 노랗고 탄력이 있으며 눈알이 뽀얀 참조기를 고른다.

두릅: 색이 노랗고 탄 너무 자란 것보다는 작은 크기가 좋으며, 땅두릅보다는 참두릅으로 고른다.

통보리: 햇보리로 바싹 마르지 않고 윤기가 돌며 상대적으로 무거운 것이 좋다.

고들빼기: 뿌리가 통통하니 쭉 뻗고, 잎이 연하면서 신선한 것을 고른다.

참나물: 잎이 녹색이며 떡잎 진 것이 없는 것으로 고른다. 줄기를 만졌을 때 너무 딱딱하면 쇠어버린 것이므로 피한다.

머위: 잎이 마르지 않고 줄기도 너무 쇠지 않은 것을 고른다. 아기 손바닥 정도 크기가 향과 맛이 가장 좋다.

곤드레: 생것은 싱싱하고 푸른 것이 좋다. 마른 것은 길이가 일정하고 부서지지 않은 것이 좋다.

죽순: 크기는 중간 크기가 연하고 맛이 있다. 살짝 눌러보았을 때 너무 딱딱한 것은 피하고 약간 탄력이 있는 것이 좋다.

냉이: 잎이 약하고 뿌리가 길며 향이 짙은 것은 묵은 냉이고 잎은 좋으나 뿌리가 약하고 향이 연한 것은 햇냉이다. 쇠거나 누런 잎이 많은 것은 고르지 않는다.

곰취: (취나물): 잎이 크며 조금 연한 녹색을 띠는 것으로 고른다. 줄기가 딱딱한 것은 피한다.

양파: 단단하고 동글납작한 것이 좋다. 황금색 껍질이 윤기가 돌며 착 달라붙은 것이 싱싱하다.

달래: 뿌리가 알알이 튼실하고 줄기가 푸른빛을 띠는 것을 고른다. 향이 진한 것이 좋다.

봄동: 너무 큰 것보다는 적당한 크기가 좋으며 무른 것은 오래된 것이므로 피한다.

미나리: 줄기가 쇠지 않은 것으로 잎이 누런 것은 오래된 것이다. 녹색으로 고른다.

쑥: 웃자란 것보다 작은 쑥잎이 좋다. 시들지 않고 색이 선명하며 향이 짙은 것을 고른다.

돌나물: 크기만 웃자란 것보다는 채가 짧더라도 잎이 많이 달린 것이 좋다. 너무 큰 것보다는 작은 것으로 고른다.

고사리: 색이 짙은 밤색이고 줄기가 통통하여 굵은 것이 좋다. 삶은 고사리는 조금 밝은 갈색이다.

새우젓: 크기가 일정하고 연한 분홍색이 국내산이다. 적당히 짜고 단 맛이 살짝 도는 것이 좋다. 5월에 잡아 담근 오젓을 최고로 친다.

통밀수제비

씹을수록 구수한 할머니 손맛

30min

01 멸치육수 5컵(1L)을 만들어 둔다.

02 통밀에 소금과 물을 넣고 반죽하고, 반죽에 젖은 면 보자기나 비닐주머니를 씌워 실온에서 1~2시간 숙성시켜둔다.

03 육수를 끓이기 시작하여, 끓으면 감자를 얄팍하게 썰어 넣고 **02** 에서 반죽한 수제비를 얄팍하게 떼어 넣는다.

04 수제비가 떠올라 익으면 간 마늘을 넣고, 애호박과 대파도 썰어 넣는다.

05 국간장으로 색을 낸 다음, 나머지 간은 소금으로 맞춘다.

재료

감자 1개
애호박 1/4개
대파 1/2줄기
간 마늘 1작은술
국간장 1큰술
소금 약간

반죽

통밀가루 3컵
물 3/4컵(150mL)
소금 1/4작은술

육수

물 5컵(1L)
다시마 1조각
(사방 10cm×10cm)
국물용 멸치 10~15마리

> **육수 만드는 법(30분)**
>
> 1. 물 5컵에 멸치와 다시마를 넣고 15분 담갔다가 그대로 불을 켜서 약한~중간 불로 끓인다.
>
> 2. 물이 끓으면 5분 뒤에 다시마를 건지고 10~15분 더 끓여 멸치를 건져낸다.

✻ **통밀** 밀은 서늘한 성질에 단맛이 있고, 심장, 비장, 신장의 기능을 돕는다. 몸의 열을 내리고 갈증을 멎게 한다. 이질(장을 침범하는 급성 감염성 질환), 옹종(몸에 난 종기가 잘 없어지지 않아 가렵거나 따가운 증세), 외상출혈, 각기병, 기억력 감퇴에 도움이 되고 다한증을 개선한다. 또한, 변비를 없앰과 동시에 치질, 게실증, 정맥류, 결장암의 발병을 줄여준다.

TIP

- 통밀에는 글루텐성분이 적어 끈기가 없는 편입니다. 뜨거운 물과 소금을 약간 넣어 반죽하면 찰기가 생겨 식감이 나아집니다.
- 멸치는 항상 똥을 빼고 머리와 몸통을 씁니다.

Spring

꽁보리밥

입 안에서 이리저리 꽁꽁 굴러다니는 건강한 밥

40min

---

01 통보리는 잘 씻은 후 뜨물을 여러 번 제거한다.

02 씻어둔 통보리를 물에 잠기게 15분 정도 담가 놓는다.

03 밥솥에 밥을 짓는다.

재료

통보리 4컵

✱ 통보리 보리는 천연 강장제라 할 수 있으며 기본적으로 오장을 튼튼하게 하는 재료이다. 말초신경의 기능을 향상해 정력 증강에 도움을 주고 위장을 부드럽게 하여 이뇨를 원활하게 하며 혈당 조절, 체중 감소 등 성인병 예방의 대안으로도 활용할 수 있다. 보리잎의 추출물은 항산화제인 베타카로틴, 비타민 C와 E, SOD를 다량 함유하고 있어 당뇨병에도 효과적이다.

TIP

- 밥을 할 때 보통 쌀은 물과의 비율이 1:1이지만 잡곡이나 현미는 물을 조금 더 추가합니다. 잡곡과 물의 비율은 1:1.2~1.5 정도입니다.
- 일반 압력밥솥은 불을 약하게 하여 10분 정도 뜸을 들입니다.
- 전기 압력밥솥으로 할 때, 설정은 잡곡밥으로 맞춥니다.

Spring

20min

머위된장죽

쌉싸름하면서 그리운 봄의 맛

01 쌀은 씻은 후 30분 정도 미리 불려 놓는다.

02 머위 잎은 깨끗하게 씻어서 팔팔 끓는 물에 소금 1큰술을 넣고
1분 정도 살짝 데친 후 잘게 썬다.

03 불린 쌀에 물을 8컵(1.6L) 붓고 쌀알이 잘 퍼지도록 15분 정도
중간 불에서 저어가며 끓인다.

04 쌀알이 투명해지도록 잘 퍼지면 데친 머위 잎을 넣고 된장을 풀어
한소끔 더 끓인다.

재료

쌀 1컵
머위 잎 100g
된장 2큰술
소금 1큰술

✱ 머위 머위는 뿌리, 줄기, 잎, 꽃까지 어느 하나 버릴 부분이 없다. 기침을 멎게
하여 폐결핵으로 인한 피고름을 토해내는 걸 낫게 한다. 콜레스테롤을 배출시켜
각종 혈관질환을 예방하고 치료할 수 있으며 성질이 알칼리성이어서 체질의
산성화를 중화한다. 또한, 식중독, 골다공증, 소화력을 개선해 준다.

TIP

- 나물죽은 다른 잎채소(참나물, 쑥, 냉이, 근대, 아욱 등)로 끓여도
좋습니다.
- 죽은 보통 잡곡과 물의 비율을 1:5~6 정도로 하면 농도가 맞습니다.

취나물밥

향긋한 봄 숲이 내 입으로 쏙

재료

쌀 4컵
취나물 100g
다시마 1조각

01 취나물은 씻어서 다듬고 끓는 물에 1분 정도 살짝 데친다.

02 데친 나물을 찬물에 씻어서 잘게 썬다.

03 다시마 한 조각을 넣어 밥을 한다.

04 밥이 다 된 후, 데친 나물을 넣어 10분 정도 뜨거운 밥 김을 씌어 준다.

05 밥을 풀 때 고루 섞어준다.

✽ **취나물** 취나물의 대표적인 효능은 취나물에 함유된 칼륨이 체내에 쌓인 염분을 배출시켜 혈액순환을 도와 혈압의 상승을 막는 것이다. 그뿐만 아니라 탄수화물, 아미노산, 비타민 A의 함량도 높아 진통을 줄여 두통과 감기에도 효과적이다. 산에서 자생하는 채소이기 때문에 특유의 향과 식감으로 밑반찬으로 널리 쓰인다. 취나물의 종류에는 미역취, 각시취, 버들취, 곤달비, 곰취 등이 있다.

TIP

• 나물밥을 할 때 맛을 돋우기 위해서 다시마 한 조각을 넣으면 좋습니다.
• 일반 압력밥솥으로 밥을 할 때에는 뜸 들일 때 데친 취나물을 위에 얹어 살짝 익힙니다.
• 다른 봄나물로도 밥을 할 수 있습니다.

Spring

보리죽

구수한 옛이야기 같은 보리죽

30min

재료
통보리 1컵

01 통보리는 뜨물이 없어질 때까지 깨끗이 씻는다.

02 씻은 통보리를 물에 30분 이상 불려둔다.

03 불린 통보리에 물을 8컵(1.6L) 붓고 중간 불에서 20분 정도 끓인다.

04 그 다음 불을 줄여 보리쌀이 잘 퍼지도록 더 푹 끓여준다.

✽ 통보리 31쪽 설명 참고

Spring

봄동된장국

달콤한 봄배추로 입맛을 돋우는 된장국

40min

01 멸치육수 5컵(1L)을 미리 만들어 둔다.

02 멸치육수에 된장 3큰술을 풀어둔다.

03 봄동을 깨끗이 씻어 한입 크기로 썬다.
(큰 잎은 4~6등분, 작은 잎은 2등분)

04 된장을 푼 국물을 끓이고 썰어둔 봄동을 넣어 10분 정도 끓인다.

05 다진 마늘과 어슷하게 썬 대파를 넣고 한소끔 더 끓인다.

재료

봄동 150g
된장 3큰술
다진 마늘 1큰술
대파 1/2줄기

육수

물 5컵(1L)
다시마 1조각
(사방 10cm×10cm)
국물용 멸치 10~15마리

육수 만드는 법(30분)

1. 물 5컵에 멸치와 다시마를
넣고 15분 담갔다가
그대로 불을 켜서 약한~중간
불로 끓인다.

2. 물이 끓으면 5분 뒤에
다시마를 건지고 10~15분
더 끓여 멸치를 건져낸다.

✽ 봄동 봄동은 섬유질이 풍부하여 소화를 촉진해 변비를 예방하며 갈증을
해소한다. 봄동의 찬 성질은 열을 내리는 데 도움이 된다. 항산화제인
베타카로틴과 비타민 C가 다량 함유되어 노화 방지 및 피로해소에 효과적이다.

TIP

• 쑥, 냉이 달래, 원추리, 머위 등 여러 봄나물로도 된장국을 끓이면
향긋해서 좋습니다.

Spring

냉이무침

진한 봄나물 향이 그리울 때 먹는 고향의 맛

30min

01	냉이는 다듬은 후 깨끗하게 씻는다.
02	양념 재료를 모두 섞어둔다.
03	끓는 물에 소금 1큰술을 넣고 냉이를 2분 정도 데친다.
04	데친 냉이를 찬물에 헹군 후 물기를 살짝 짠다.
05	냉이의 길이가 길면 2~3등분으로 썬다.
06	양념에 고루 무친다.

재료

냉이 200g
소금 1큰술

양념

고추장 1큰술
다진 마늘 1작은술
다진 파 1큰술
참기름 2작은술
깨소금 약간

✱ 냉이 냉이는 독성이 없으며 단맛이 난다. 냉이에 함유된 무기질은 끓여도 파괴되지 않으며 칼슘, 철분, 단백질, 비타민 A가 풍부해 춘곤증을 예방한다. 그리고 위와 간을 튼튼하게 하고 눈을 밝아지게 한다. 이뇨작용 역시 활발하며 출혈을 멎게 한다. 하지만 냉이는 혈관수축 작용이 있어 고혈압 환자는 피해야 하고, 자궁수축도 자극하므로 임신 중에는 되도록 먹지 않는 것이 좋다.

Spring

미나리무침

겨울을 견뎌낸 강인한 맛

20min

① 미나리는 깨끗하게 씻어 다듬는다.

② 물 5컵(1L)에 식초 1큰술을 넣고 미나리를 10분 정도
   담가두었다가 물기를 뺀다.

③ 양념 재료를 모두 섞는다.

④ 미나리를 4cm 정도 크기로 자른다.

⑤ 양념에 고루 무친다.

재료

미나리 200g
식초 1큰술

양념

고춧가루 1큰술
간장 1큰술
식초 1큰술
다진 마늘 1작은술
다진 파 1작은술
들기름 1큰술

✱ 미나리 미나리의 가장 큰 효능은 해독작용이다. 특히 간을 해독하여
숙취 해소 및 황달에 좋다. 또한, 각종 매연과 먼지 속에서 기관지와 폐를
보호하며 혈중 콜레스트레롤 수치를 낮추기 때문에 심혈관 질환, 월경과다증에
효과가 있다. 미나리는 초겨울부터 초봄까지가 가장 영양소가 풍부하다.
다만 기력이 없거나 비위가 약한 경우에는 섭취를 삼가는 것이 좋다.

TIP

- 미나리는 키우는 과정에서 거머리가 들어갈 수 있습니다. 식초를 탄
  물이나, 물에 깨끗한 동전을 넣고 잠시 담가두면 거머리가 떨어집니다.

Spring

달래무침

달래 먹고 맴맴, 산뜻한 봄의 매운맛

20min

01	달래는 뿌리와 줄기를 잘 다듬는다.
02	깨끗이 씻은 후 물기를 뺀다.
03	양념 재료를 모두 섞는다.
04	달래를 3cm 정도 크기로 자른다.
05	양념에 살살 무친다.

재료

달래 150g

양념

고춧가루 2작은술
간장 3/4큰술
들기름 2작은술
깨소금 1작은술

✱ 달래 달래는 신경안정, 소화, 보혈, 가래, 살균, 불면증, 정력에 효과적인
약초다. 옛 기록에 따르면 위암 치료에 쓰이는 것으로 밝혀지기도 했다.
하지만 과다 섭취할 경우 위장이 쓰리므로 적당히 먹도록 한다.

봄나물된장전

향긋한 나물과 구수한 된장이 한입에

25min

01 참나물, 달래, 냉이 같은 봄나물을 깨끗이 씻은 후 잘게 자른다.

02 통밀가루에 물과 된장, 들기름을 넣어 반죽한다.

03 이렇게 밑간이 된 반죽에 썰어둔 봄나물을 넣고 골고루 섞는다.

04 팬에 들기름을 두르고 얄팍하게 지져낸다.

재료

봄나물
참나물 50g
달래 20g
냉이 50g
들기름 약간

반죽

통밀가루 2컵
물 2컵(400mL)
된장 2큰술
들기름 1큰술

TIP

- 예전부터 알려져 온 전통 밀전병을 부치는 방법으로 '밀가루집'이 있습니다. 밀가루집은 밀가루 반죽이라는 뜻인데, 밀가루와 물을 같은 비율로 반죽하여 여기에 간장과 기름으로 맛을 내고 여러 가지 채소 등을 넣어 부쳐 먹었습니다.

Spring

봄동겉절이

묵은 맛은 가고 산뜻한 맛이 오려니……

01 봄동과 달래는 깨끗이 씻은 후 물기를 뺀다.

02 봄동은 한입 크기로 썬다. (큰 잎은 4~6등분, 작은 잎은 2등분)

03 달래는 2cm 정도로, 홍고추는 동글썰기한다.

04 양념 재료를 모두 섞는다.

05 썰어둔 재료를 양념에 고루 무친다.

재료

봄동 200g
달래 20g
홍고추 1개

양념

고춧가루 2큰술
액젓 1큰술
매실청 1큰술
다진 마늘 2작은술

✻ 봄동 39쪽 설명 참고

TIP

- 겉절이 종류를 요리할 때는 미리 양념을 만들어두어야(고춧가루가
  뭉치지 않게 충분히 풀어져야) 색이 곱게 돌고 재료와 겉돌지 않습니다.
- 봄동뿐만 아니라 얼갈이, 배추, 열무, 유채 등으로 겉절이를 하면
  좋습니다.
- 액젓은 멸치액젓이나 까나리액젓, 다 좋습니다.

Spring

20min

돌나물무침

달고 시고 쓰고 짜고······ 맛이 골고루 들어있는 봄나물

(01) 돌나물은 깨끗이 다듬는다.

(02) 살살 씻어서 물기를 뺀다.

(03) 양념 재료를 모두 섞는다. (초고추장)

(04) 먹기 직전에 초고추장을 얹거나 살짝 버무린다.

재료
돌나물 150g

양념
고추장 2큰술
식초 1큰술
조청 1큰술
다진 마늘 1작은술

✽ **돌나물** 돌나물은 타박상, 해독, 간염, 볼거리, 식욕 증진 등에 약용한다.
그리고 돌나물의 생즙은 간 경화에 효능이 있으며, 콜레스테롤 수치를 낮추고
여성 호르몬인 에스트로겐을 대체하는 성분이 있어 월경을 더 이상 하지 않는
여성들의 갱년기 우울증에 도움이 된다.

TIP

· 돌나물은 조직이 연해서 미리 무쳐 놓으면 물기가 빠지거나 쳐지므로
먹기 직전에 무쳐야 더 생생한 맛으로 즐길 수 있습니다.

Spring

조기찜

그 옛날, 아버지가 좋아하신 부드럽고 달콤한 생선찜

30min

01 조기는 비늘을 긁어내고 지느러미를 다듬는다.

02 조기를 씻어 소금 1작은술을 뿌려 5분 정도 두어 간이 배게 한다.

03 양념 재료를 모두 섞는다.

04 냄비에 조기를 나란히 담고 물을 자작하게(재료보다 많거나 비슷하게) 붓는다.

05 만든 양념을 고루 뿌려서 뚜껑을 연 채 국물이 거의 없어질 때까지 끓이면서 졸인다.

재료

잔 조기 4마리
소금 1작은술

양념

고춧가루 1작은술
국간장 1큰술
매실청 2작은술
다진 마늘 2작은술
풋고추 1개
대파 1/2줄기

✱ 조기 조기는 영양소가 풍부하고 소화에 도움을 주어 기력을 회복하는 데 좋은 식품이다. 지방질이 적고 비타민 B1, B2, 단백질이 풍부하여 성장기 어린이에게도 좋다. 또한, 비뇨기계 결석에 효능이 있으며 전립선을 강화해 이뇨작용도 활발하게 한다.

TIP

- 만들기 03에서 물은 쌀뜨물이면 더 맛깔나고 좋습니다.
- 봄철에 잔 조기를 구워 먹을 경우, 살이 별로 없으므로 찜으로 먹는 것이 좋습니다.
- 생선 음식을 할 때 매실청을 쓰면(매실청이 없다면 식초 약간) 생선의 비린내를 없애고 살을 단단하게 합니다.

Spring

양파김치

햇양파로 만든 아삭한 햇김치의 맛

75min

01 양파는 껍질을 까서 깨끗이 씻는다.

02 씻은 양파를 깍둑썰기한 후 소금을 1큰술 넣고 1시간 정도 절인다.

03 양념 재료를 모두 섞는다.

04 절여진 양파에 양념을 풀어 무친 다음, 대파를 송송 썰어 넣고 함께 버무린다.

05 상온에서 24시간 정도 놓고 익힌 후 냉장고에 두고 먹는다.

재료

양파 1kg
대파 1줄기
소금 1큰술

양념

고춧가루 1/3컵
액젓 2큰술
매실청 2큰술
다진 마늘 1큰술
다진 생강 1작은술

✱ 양파 양파는 혈액을 묽게 하여(섬유소 용해 활성 작용, 지질 저하 작용) 점도를 낮춰서 맑고 깨끗한 혈액으로 만들며, 혈액 속의 콜레스테롤과 불필요한 지방을 녹이므로 혈액 순환에 좋다. 동맥경화와 고지혈증을 막아주고, 혈전이 심하면 사망할 수도 있는 순환기장애(협심증, 심근경색, 뇌연화증, 뇌졸중 등)도 예방한다. 고혈압과 당뇨병에 효과적이며 대장균과 식중독도 예방하여 소화 기관에 좋다.

TIP

· 액젓은 멸치액젓이나 까나리액젓, 다 좋습니다.

Spring

참나물무침

참으로 맛나서 참나물

15min

01 참나물은 씻어 소금물(물 5컵(1L), 소금 1큰술)에 1~2분 정도 데친다.

02 찬물에 잘 헹궈 물기를 거두고 3cm 크기로 자른다.

03 양념 재료를 모두 섞는다.

04 참나물을 양념에 고루 무친다.

재료

참나물 200g
소금 1큰술

양념

국간장 1/2큰술
다진 마늘 1작은술
다진 파 1큰술
참기름 2작은술
깨소금 약간

✱ 참나물 참나물에는 철분이 다량 함유되어 있어 빈혈에 효과적이며 무엇보다 열량이 낮아 다이어트에 좋다. 참나물에 함유된 베타카로틴은 안구건조증을 예방하며, 풍부한 미네랄과 비타민이 작용해 중풍, 고혈압을 예방한다.

TIP

· 데친 나물들을 국간장으로 살짝 무치면 고유의 향이 잘 살아납니다.

Spring

두릅무침

봄바람 타고 온 귀한 손님

01 두릅은 밑동의 가지를 떼어내고 다듬은 후 깨끗이 씻는다.

02 끓는 물에 소금을 넣고 1~2분 정도 데친 다음, 찬물에 헹군다.

03 양념 재료를 모두 섞는다. (초고추장)

04 두릅의 물기를 빼고 초고추장과 함께 낸다.

재료

두릅 150g
소금 약간

양념

고추장 1큰술
식초 1큰술
조청 1큰술
다진 마늘 1작은술
깨소금 약간

✳ **두릅** 두릅에는 칼슘, 인, 비타민 A, 비타민 B1, 비타민 C, 섬유질, 단백질이 함유되어 건강에 아주 좋은 식품이다. 두릅은 신경을 안정시키며 혈당을 낮춰주므로 당뇨병 예방에 도움이 된다. 그 밖에 소화를 원활하게 해주며 위염, 위궤양, 위암 등 위 질환에도 좋다.

TIP

· 두릅은 된장에 무쳐내도 좋습니다.
· 봄나물 중에는 쓴맛이 나는 나물이 많습니다. 쓴맛은 새콤달콤한 맛과
  잘 어울리므로 양념장을 만들 때 참고해주세요.

Spring

고들빼기김치

쓰지만, 기분 좋고 건강한 맛

100min

01 고들빼기는 다듬은 후 깨끗이 씻어서 소금물(물 15컵(3L), 소금 6큰술)에 1시간 이상 절인다.

02 찹쌀풀을 쑤어서 30분 정도 식힌다.

03 양념 재료를 모두 섞고, 찹쌀풀에 미리 섞어놓는다.

04 절인 고들빼기는 찬물에 살짝 헹군다.

05 쪽파를 5cm 정도 크기로 썬다.

06 절인 고들빼기와 썰어둔 쪽파를 양념에 버무린다.

07 실온에서 하루 정도 지난 뒤에(24시간) 냉장고에 두고 먹는다.

재료

고들빼기 1kg
쪽파 100g
소금 6큰술

찹쌀풀

물 1컵(200mL)
찹쌀가루 2큰술

양념

고춧가루 1/2컵
액젓 1/3컵
매실청 2큰술
다진 마늘 2큰술
다진 생강 1작은술
설탕 1큰술

✱ 고들빼기 고들빼기는 기본적으로 체내 열을 내리는 효능이 있다. 철분이 다른 채소의 6배 정도 더 함유되어 있어 조혈작용이 원활하여 빈혈을 예방하는 데 좋다. 소화기관을 튼튼히 하고 면역력을 높이며, 고들빼기의 토코페놀 성분이 암을 예방하는 데 도움을 준다. 그 밖에 간 해독, 콜레스테롤 저하, 당뇨병 개선, 동맥경화 예방, 습진과 염증을 치료하는 데에도 좋은 식품이다.

TIP

- 소금물에 고들빼기를 하룻밤 정도 담가놓으면 노랗게 삭으면서 쓴맛이 가라앉습니다. 삭은 고들빼기로 양념해서 김치를 담그면 쓴맛이 덜 납니다.
- 액젓은 멸치액젓이나 까나리액젓, 다 좋습니다.

취나물볶음

나물의 여왕, 봄날 취나물에 취해보아요

20min

01 취나물은 씻고 다듬어서 끓는 물에 1~2분 정도 데친다.

02 찬물에 헹군 다음, 물기를 거두고 4cm 크기로 자른다.

03 양념 재료를 모두 섞는다.

04 취나물을 양념에 고루 무쳐 간이 배게 한 다음, 식용유를 두른 팬에 3~4분 볶는다.

재료

참취 200g
식용유 약간

양념

국간장 1/2큰술
다진 마늘 2작은술
다진 파 1큰술
참기름 1큰술
깨소금 약간

✽ 취나물 35쪽 설명 참고

TIP

· 나물을 볶을 때는 약한 불에서 충분히 볶아야 간이 배고 부드럽습니다.
· 취나물은 개미취, 곰취, 미역취 등 여러 종류가 있습니다.

Spring

죽순볶음

아삭한 식감으로 춘곤증을 날려주는 큰 싹

20min

01 죽순의 아린 맛을 거두기 위해 쌀뜨물에 40분~1시간 정도 미리
푹 삶아둔다.

02 삶은 죽순은 빗살무늬가 잘 보이도록 4~5cm 길이로 썬다.

03 양념 재료를 모두 섞고, 삶은 죽순을 버무린다.

04 팬에 들기름을 두르고 죽순을 4~5분 정도 볶다가 마지막에
들깻가루를 넣어 고루 무친다.

재료

죽순 200g
쌀뜨물 5컵(1L)
들깻가루 1큰술
들기름 약간

양념

다진 마늘 1작은술
다진 파 1큰술
들기름 1큰술
소금 1/4작은술

✻ 죽순 죽순에는 섬유질이 풍부해 장운동을 촉진하므로 변비를 예방한다.
기력 회복에도 좋으나 과다 섭취할 경우 복부가 차가워지기 때문에 주의해야
한다. 나트륨 흡수를 통제하여 고혈압과 심장 질환에 도움을 준다. 죽순에 함유된
비타민 K는 심신을 다스려서 스트레스에 효과적이다.

Spring

솔잎효소

솔향이 입으로 전해져 오며 향기롭게 퍼지는

30min

재료

솔잎 1kg
설탕 1kg
소금 2큰술

01 솔잎을 깨끗한 물에 씻어 채반에 넣어 물기를 말린다.

02 유리병을 소독하여 솔잎 → 설탕 → 소금 → 솔잎 → 설탕 → 소금
순서대로 재료를 분량대로 적절히 나누어 모두 차곡차곡 쌓는다.

03 창호지나 면 보자기로 입구를 덮은 후, 처음 한 달 동안은
유리병을 매일 1번씩 뒤집어서 재료들이 잘 섞이게 하고
그 이후부터는 그대로 발효되게 둔다.

04 100일 정도 지나면 솔잎만 건져내서 빼고 시원한 응달에 두어
천천히 발효시킨다.

05 100일부터 먹어도 되나 6개월 후에 먹으면 더 향이 좋다.

✱ 솔잎 솔잎은 철분과 비타민 C가 풍부해 빈혈에 효과적이며 혈당치를
낮추므로 당뇨병에 좋다. 그리고 머리숱이 없는 사람에게 좋은 식품이다.
솔잎에는 산소와 무기질이 풍부하여 피로해소에 도움이 되며 말초혈관을
확장하는 작용을 하여 뇌졸중을 예방한다.

TIP

- 솔잎효소 재료를 쌓고 숙성하는 과정은(만들기 02~03) 과일 청을 만드는
방식과 유사하다고 생각하면 됩니다.
- 유리병 외에 작은 항아리도 사용할 수 있습니다. 항아리의 70%만 담고
젓가락 등으로 뒤집어서 재료들을 잘 섞으면 됩니다.
- 만든 솔잎효소는 1년 이상 묵으면 향이 더욱 좋아집니다.
- 산야초 효소는 설탕과 주재료를 보통 1:1로 섞어 담고 3개월 지나 걸러
묵히면 좋습니다. 담글 때 소금(천일염)을 약간 넣으면 미생물 활동도
활발해지고 맛도 더 좋아집니다.

Spring

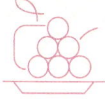

보리막걸리찐빵

할머니가 만들어주셨던 추억의 술빵

40min

01 미지근한 물 1컵(200mL)에 설탕 2큰술을 섞고 이스트를 먼저 풀어놓는다.

02 통보리 가루에 **01** 의 이스트 물과 생막걸리, 소금을 넣고 반죽한다.

03 반죽이 다 되면 햇콩을 섞는다.

04 찜통에 김이 오르면 젖은 면 보자기를 깔고 반죽을 고루 펴 넣는다.

05 25분 동안 찌고 불을 끈 후 그대로 5분 정도 뜸을 들인다.

재료

통보리 가루 500g
생막걸리 2컵(400mL)
햇콩(완두콩/강낭콩) 1컵
이스트 1큰술
설탕 2큰술
소금 1작은술

✽ 통보리 31쪽 설명 참고

TIP

- 때에 따라 고구마, 건과일, 견과류 등 여러 가지 고명을 넣고 쪄도 좋습니다.
- 통보리 가루가 없으면 통밀가루로 만들어도 됩니다.

Spring

쑥버무리

엄마가 생각나는, 술술 뿌려 쪄낸 쑥버무리

40min

재료

쑥 300g
쌀가루 300g
소금 1/2작은술

01 쌀가루에 소금 1/2 작은술과 물 2~3큰술을 섞고, 쥐어보아 쌀 덩어리가 뭉쳐질 정도가 되면 체에 친다.

02 쑥은 깨끗하게 씻어서 물기를 뺀다.

03 쑥에 **01** 의 쌀가루를 고루 섞는다.

04 김 오른 찜기에 젖은 면 보자기를 깔고 쌀가루에 버무린 쑥을 15분 정도 찐다.

❋ 쑥 쑥은 발암 물질의 촉진을 저하시키고 항암 작용을 하여 암 예방에 매우 좋다. 무엇보다 살균 작용이 뛰어나 각종 위장 기능을 강화하고 체내 세균을 박멸한다. 노화 방지에도 효과적이며 몸을 따뜻하게 하는 성질이 있어 자궁 출혈, 생리불순이나 불임 등 여성 질환에 좋다. 단, 열이 많거나 얼굴이 잘 달아오르는 사람은 피하는 것이 좋다.

TIP

· 쑥 말고도 여러 봄나물을 버무려서 먹으면 식사 대용으로 좋습니다.

· 쌀가루는 하룻밤 담근 쌀을 방앗간에 가져다 가루를 내어, 500g씩 나누어 보관하면 편하게 쓸 수 있습니다. 가정에서 적은 양으로 쓰려면 불린 쌀을 체에 밭쳐 물기를 빼고 커트기에 곱게 갈아도 됩니다.

Spring

쑥개떡

봄쑥으로 엄벙덤벙 빚어낸 개떡이지만 맛은 참 떡

60min

01 쑥은 다듬어서 깨끗하게 씻는다.

02 씻어낸 쑥을 1분 정도 데친 다음 찬물에 헹궈 물기를 꼭 짠다.

03 데친 쑥을 다진 다음, 커트기로 간다.

04 쌀가루를 뜨거운 물에 익반죽하고 갈아둔 쑥과 소금 1작은술을 넣어 차지게 반죽한다.

05 반죽을 손바닥 반 정도 되는 크기로 떼어내어 동글납작하게 빚는다.

06 김 오른 찜기에 젖은 면 보자기를 깔고 25분 찐 다음, 불을 끄고 5분간 뜸을 들인다.

07 떡을 꺼낸 후, 뜨거울 때 참기름을 살짝 발라 마무리한다.

재료

쑥 500g
참기름 약간
소금 1작은술

반죽(익반죽)

쌀가루 1kg
뜨거운 물 1/2~1컵(100~200mL)

* 쑥 71쪽 설명 참고

TIP

- 익반죽은 쌀가루의 수분 함량과 쑥의 물기에 따라 물의 양이 유동적입니다. 여기서는 젖은 쌀가루인데, 마른 쌀가루를 사용할 때에는 쌀가루 5컵에 물은 2컵이나 2컵 반 정도를 넣는 것이 좋습니다.

Spring

60min

노비송편

많이 먹고 힘내서 일하라는 일꾼 밥

01 쌀가루에 소금 1작은술과 뜨거운 물 1/2컵~1컵을 넣어
익반죽한다.

02 김치는 속을 털어내고 잘게 다져 꼭 짠 후에 양념(참기름,
다진 파, 깨소금)을 넣어 섞는다.

03 쌀가루 반죽한 것을 떼어 송편 빚듯이 펴 준 다음, 속에 02의
김칫소를 넣어 빚는다.

04 김 오른 찜기에 젖은 면 보자기를 깔고 20분 찐 후, 5분 뜸을
들인다.

재료

피(익반죽)
쌀가루 1kg
소금 1작은술
뜨거운 물 1/2~1컵(100~200mL)

소(양념 포함)
김치 약 300g
참기름 1큰술
다진 파 2큰술
깨소금 1작은술

TIP

- 노비송편은 농사가 시작되기 전, 집안의 노비들에게 해주던 송편으로
  나물이나 김칫소를 넣어 송편을 크게 빚어 먹였던 풍습에서
  비롯되었습니다.

Spring

120min

보리쑥미숫가루

싱그런 쑥을 자연 그대로 마신다

01 쑥은 씻어서 다듬은 후, 물기가 약간 있을 때 설탕과 잘 버무리고
바람이 통하는 그늘진 곳에서 3~4일 정도 미리 말려둔다.

02 통보리는 깨끗이 씻은 후 물기를 완전히 말려서 밑이 두꺼운
냄비에 넣고 약한 불로 10~15분 정도 볶는다.

03 잘 볶은 통보리와 쑥은 각각 커트기로 곱게 가루를 낸다.

04 가루를 낸 통보리와 쑥을 잘 섞어 미숫가루로 완성한다.

05 다 된 미숫가루를 냉동실에 보관하며 물에 타서 마신다.

재료

통보리 1kg
쑥 500g
설탕 500g

✽ 통보리 31쪽 설명 참고

✽ 쑥 71쪽 설명 참고

TIP

- 미숫가루는 미리 만들어 두었다가 식사대용으로 먹는데 찹쌀, 쌀,
  콩 등의 잡곡으로 만들어도 활용도가 높습니다.
- 커트기가 없을 때는 방앗간 등에서 가루를 내어 씁니다.

여름
summer

푸성귀, 어디나 텃밭

깻잎

상추

옥수수

가지

애호박

감자

수박

오이

풋고추

부추	뿌리 쪽이 희고 싱싱하며 누런 떡잎이 없고 색과 향이 짙은 것을 고른다. 꽃봉오리가 핀 부추는 맛이 좋지 않으므로 피한다.	콩	(대두): 낱알의 크기가 고르며 윤이 나고 흠집이 없으며 벌레가 나지 않은 것이 좋다. 사용할 때 물에 뜨는 것은 벌레 먹은 것이므로 버린다.
깻잎	시들지 않고 너무 쇠거나 어린잎보다는 중간 크기의 잎으로 고른다. 잎은 짙은 녹색을 띠고 줄기가 마르지 않은 것이 좋다.	상추	녹색을 띠면서, 너무 부드러운 것보다는 빳빳한 것이 좋고 대를 잘랐을 때 흰 진액이 많은 것을 고른다.
민물고기	살을 눌렀을 때 탄력이 있고 눈이 우윳빛이며 비늘이 떨어지지 않고 윤기가 나는 것이 좋다.	가지	표면에 상처가 나지 않고 윤기가 나며 색깔은 짙은 보랏빛으로 단단한 것이 좋다.
열무	뿌리가 탱탱하고 곧으며 잎이 짙은 것을 고른다. 줄기에 약간의 가시가 돋은 것이 싱싱한데, 너무 자란 것은 질기므로 피한다.	수박	수박 표면의 줄이 선명하고 꼭지가 움푹 들어가면서 줄기는 싱싱한 것으로 고른다. 두드렸을 때 울림소리가 나는 것이 좋다.
애호박	표면이 단단하고 매끈하며 옅은 푸른색이 선명하고, 꼭지는 시들지 않은 것을 고른다. 썰었을 때 씨앗이 너무 큰 것, 누렇게 들뜬 것은 좋지 않다.	오이	꼭지가 마르지 않고 겉 가시와 전체적인 색깔이 선명한 것이 신선하다.
감자	흠집이 없고 눈이 들어가지 않으며 싹이 나지 않은 동그란 것으로 산다. 손으로 눌렀을 때 조금 단단한 것이 좋다.	얼갈이	꼭지의 뿌리 쪽이 싱싱하고 잎이 약간 짧으며 줄기를 눌렀을 때 단단한 것이 좋다.
다슬기	(올갱이): 껍질이 깨지지 않고 색이 거무스름하면서 윤기가 나고 비린내가 나지 않는 것을 고른다.	보리수	열매가 붉게 잘 익었으며 선명한 것을 고른다. 눌렀을 때 탄력이 있는 것이 신선한 것이다.
풋고추	꼭지가 시들지 않고 색깔이 선명하고 윤기가 돌며 곧은 것이 좋다. 모양은 대체로 균일해야 한다.	옥수수	낱알이 고르며 윤기가 흐르고 수확한 지 얼마 안 되어 겉잎이 마르지 않은 것이 좋다. 껍질은 녹색, 수염은 갈색인 것으로 산다.

감자옥수수밥

씹을수록 감칠맛이 샘솟는 추억의 밥

40min

재료

감자 4개
옥수수 2개
소금 1작은술

01 감자는 껍질을 벗겨 큼직하게 썬다.

02 옥수수는 칼로 알을 모두 떼어낸다.

03 밥솥에 손질한 감자와 옥수수를 넣고 소금 한 1작은술 정도
    넣는다.

04 물을 재료 위로 살짝 올라올 정도로 자작하게 부어 밥을 한다.

✳ 감자 대표적인 구황작물인 감자는 밥의 16배인 360mg 정도의 칼륨이
함유되어 있다. 이 칼륨이 콜레스테롤 축적을 막고 나트륨을 체외로 배출시킨다.
감자는 비염, 천식, 두드러기 등 알레르기성 체질을 균형적으로 만들며
비타민 C가 풍부하여 인슐린 분비가 원활하고 철분 흡수를 도와 당뇨와 빈혈에
좋다. 또한, 포만감이 높고 열량은 낮아 다이어트에도 효과적이다. 소화성궤양일
때, 경련을 가라앉히고 위산 분비를 억제하기도 한다. 감자의 싹에 솔라닌이라는
독성이 있으므로 요리할 때에는 녹변한 부분과 같이 제거해야 한다.

TIP

· 일반 압력밥솥을 이용할 때는 10분 정도 뜸을 들입니다.
· 전기 압력밥솥으로 밥을 할 때는 설정을 '잡곡'으로 맞추고, 따로 뜸을
  들이지 않아도 됩니다.

어죽

아버지를 따라 천렵 가서 끓여 먹던 여름철 보양식

50min

01 쌀은 30분 정도 미리 불린다.

02 물 5컵(1L)에 된장 1큰술을 풀고, 민물 생선을 잘 손질하여 넣고 20분가량 푹 끓인다.

03 생선을 건져 체에 밭치고 가시를 제거한다.

04 양념 재료를 모두 섞는다.

05 가시를 제거한 생선살을 다시 냄비에 넣고 불린 쌀을 함께 넣어 중간 불에서 20분 정도 끓인다.

06 쌀알이 퍼지기 시작하면 양념을 넣고 한소끔 더 끓여낸다.

재료

쌀 1컵
된장 1큰술
민물 생선 300g
(피라미, 민물새우, 붕어 등)

양념

고추장 1큰술
된장 1큰술
다진 마늘 1큰술
풋고추 1개
대파 1/2줄기
참기름 1큰술

* 민물고기 각종 강장제 역할을 하고 피를 맑게 하여 질병 치유에 도움을 준다. 특히, 붕어를 달인 물은 신장염을 가라앉히는 데 효과가 있다. 붕어는 볼거리나 외상, 불면증에도 좋고 산모의 모유가 잘 나올 수 있도록 한다. 위가 허약해질 때 섭취해도 좋으며 신경통이 있을 때 붕어에 마늘, 대추, 생강, 인삼을 넣어 같이 달여 먹으면 효과를 본다. 그밖에 가려움증, 어지럼증, 지혈에 좋고 식은땀이 날 때도 먹어주면 나아질 수 있다.

Summer

주먹밥

여름에 먹는 보릿고개의 맛, 할머니 손맛

60min

01 통보리를 잘 씻어 뜨물을 여러 번 제거하고 물에 잠기게 15분 정도 담가놓은 후 밥을 짓는다.

02 물 1/2컵(100mL)에 소금 1작은술을 섞어 소금물을 만든다.

03 손에 소금물을 바르고 보리밥을 꼭꼭 뭉쳐서 주먹밥을 만든다.

04 서로 붙지 않도록 깻잎 등의 채소로 감싼다.

재료

통보리 4컵
깻잎 8~10장
소금 1작은술

＊ 통보리 31쪽 설명 참고

TIP

· 밥 1공기를 주먹밥 2개로 만들면 보통 주먹밥 모양이 나옵니다.
  먹는 사람에 따라 적당한 크기로 만듭니다.

· 옛날에는 밭일을 할 때 주먹밥이 편하게 먹을 수 있는 음식이었습니다.
  요즘에는 나들이 갈 때 건강한 식사를 위해 주먹밥이 좋은 음식이
  됩니다.

· 탄수화물을 소화하기 위해선 나트륨이 필요하기 때문에 주먹밥 반찬으로
  강짠지나 장아찌 등을 곁들이면 든든합니다. 쌀 문화권에 젓갈이나
  짠 채소 반찬이 있는 이유입니다.

감자옹심이

쫄깃하고 말랑한 감자의 대변신

40min

재료

감자 6개
풋고추 2개
대파 1줄기
국간장 약간
소금 약간

육수

물 5컵(1L)
다시마 1조각
(사방 10cm×10cm)
국물용 멸치 10~15마리

01 멸치육수 5컵(1L)을 미리 만들어놓는다.

02 감자는 반 개만 남기고 모두 강판에 간다.

03 강판에 갈아 밑에 내린 물은 그대로 두어 녹말이 가라앉게 하고,
갈아둔 감자 건더기는 물기가 생기지 않게 꼭 짠다.

04 건더기와 녹말을 섞고 소금 1/4작은술을 넣어 반죽해서
대추 알 크기로 동그랗게 빚는다.

05 만들어둔 육수를 센 불에 끓이기 시작한다.

06 육수가 끓어오르면 남겨둔 감자 반 개를 잘라 넣은 후,
빚은 감자 반죽(새알심)을 넣어 투명하게 익힌다.

07 마지막에 대파와 풋고추를 송송 썰어 넣고 국간장으로 빛깔을
낸 다음, 소금 1작은술 정도로 간을 맞춘다.

육수 만드는 법(30분)

1. 물 5컵에 멸치와 다시마를
넣고 15분 담갔다가
그대로 불을 켜서 약한~중간
불로 끓인다.

2. 물이 끓으면 5분 뒤에
다시마를 건지고 10~15분
더 끓여 멸치를 건져낸다.

✳ 감자 83쪽 설명 참고

TIP

· 강판에 감자를 갈 때 소금을 약간 넣으면 갈변을 막을 수 있습니다.
· 감자 반죽을 넓적하게 떼어내어 감자 수제비로 만들어도 좋습니다.

다슬기수제비

푸른빛이 우러나는 여름 건강식

40min

재료

감자 수제비 300g
다슬기 400g
얼갈이 100g
풋고추 1개
대파 1/2줄기
소금 약간

01 다슬기는 깨끗이 씻어 물에 넣고 5분 정도 삶는다. 삶은 물은 버리지 않는다.

02 이쑤시개 등으로 다슬기를 꺼내 가며 살을 발라낸다.

03 얼갈이는 씻어 끓는 물에 소금을 넣고 3분 정도 데친 후에 찬물에 헹궈 물기를 빼고 6cm 정도 크기로 자른다.

04 다슬기를 삶은 물에 발라둔 다슬기 살과 데친 얼갈이를 넣고 끓인다.

05 한소끔 끓어오르면 감자 수제비를 넣는다.

06 풋고추와 대파를 송송 썰어 넣고 소금으로 간을 맞춘 후 불을 끈다.

✱ 다슬기(올갱이) 다슬기는 담백한 맛의 저열량 식품으로 건강에 도움이 된다. 위장 기능을 높여 소화불량을 없애주고 시력을 보호한다. 두통, 어지럼증 등 신경통에도 좋으며 골다공증을 예방하는 효과도 있다. 무엇보다 간 질환(간경화, 간염 등)에 특히 좋아서 숙취 해소에도 만점이다. 그밖에 불면증 완화, 성인병에도 효능이 있다.

TIP

- 감자 수제비는 89쪽의 감자옹심이를 참고해주세요. 감자 수제비를 만들 여건이 되지 않으면 통밀가루 수제비를 사용해도 좋습니다.

강냉이죽
먹을수록 구수하고 단내 나는 죽사발

40min

① 옥수수는 칼로 긁어 알을 모두 떼어낸다.

② 믹서에 물 6컵(1.2L) 정도와 낱알 옥수수를 넣고 알갱이가 살짝 드러날 정도로 간다.

③ 간 옥수수와 옥수숫가루를 냄비에 넣고 잘 저어가며 처음엔 센 불로 끓이다가 끓기 시작하면 약한~중간 불로 줄여 15분 정도 더 끓인다.

④ 소금으로 간을 맞춘다.

재료
옥수수 4개
옥수숫가루 1/2컵
소금 약간

✽ 옥수수 옥수수는 100g 당 열량이 106kcal이다. 낮은 열량에 식이섬유가 풍부하고 지방 함량이 적어 다이어트에 좋은 식품이다. 그러나 옥수수에는 무기질, 비타민, 필수아미노산이 다른 식품보다 부족한 편이라 원푸드 다이어트로 이용하기보다 다른 식품과 곁들여 섭취하여 영양 불균형을 막는 것이 좋다. 또한, 옥수수는 장운동을 활발히 하여 변비를 예방하고, 이뇨작용으로 결석과 부종 제거에 효과가 있으며, 피부 건조를 막고 보습에 도움을 주어 노화를 방지한다. 잇몸, 충치에도 영향을 주어 구강 건강에도 좋다.

TIP
• 옥수숫가루가 없으면 찹쌀가루나 쌀가루로 대체해서 사용해도 좋습니다.

Summer

가지된장찜

말캉한 가지에 짭조름한 된장의 어울림

20min

01 가지는 씻어 5cm 크기로 자른 후에 그 토막을 길쭉하게 4등분 한다.

02 냄비에 가지를 깔고 물을 소주잔 1컵 정도 양으로 부어 약한~중간 불에서 물기가 거의 없어질 때까지 5분간 익힌다.

03 익힌 가지는 한 김 식혀두고 그사이에 양념 재료를 모두 섞는다.

04 한 김 식은 가지에 양념을 얹는다.

재료

가지 2개

양념

된장 1큰술
들기름 2작은술
다진 마늘 1작은술
다진 파 1큰술
깨소금 약간

✱ 가지 가지는 기본적으로 장 기능을 강화하는 효과가 있는데, 가지의 식이섬유가 변비를 해소하고 장 노폐물을 제거해주기 때문이다. 그리고 가지에 함유된 폴리페놀 성분은 암세포를 억제하는 기능이 뛰어나 항암 효과도 있다. 또한, 고지혈증 예방 및 만성피로, 어지럼증에도 도움을 준다. 다만 가지는 찬 성질을 지니고 있어 체질이 차가운 사람은 피하고, 몸이 뜨거운 사람은 꾸준히 섭취하여 혈압을 낮추도록 한다.

Summer

애호박젓국찌개

달콤한 애호박에 새우젓이 쏙 들어간 별미 찌개

20min

① 애호박은 깨끗하게 씻은 다음 도톰하게 반달썰기로 자른다.

② 물 3컵(600mL)에 새우젓을 섞고 썰어둔 애호박을 넣은 다음 5분 정도 바글바글 끓인다.

③ 끓으면 새우젓을 뺀 나머지 양념 재료를 넣고 한소끔 더 끓인다.

재료

애호박 2개

양념

고춧가루 1작은술
새우젓 1큰술
참기름 1큰술
다진 마늘 1작은술
대파 1/2줄기

✽ 애호박 애호박은 100g에 38kcal라는 저열량 식품이기 때문에 다이어트에 좋다. 무엇보다 소화 흡수를 잘 도우므로 만성 소화불량에 뛰어난 효과가 있다. 애호박에 함유된 칼륨이 나트륨을 배출하여 부종과 고혈압에 더욱 좋다. 그밖에 베타카로틴 성분이 항암 효과를 주고 비타민 A가 탈모를 예방해준다. 두뇌에 좋은 레시틴 성분 역시 풍부하게 함유되어 있어 성장기 어린이, 노인의 치매 예방에 도움이 된다.

TIP

· 호박과 새우는 궁합이 잘 맞는 음식이므로 함께 요리하면 좋습니다.

Summer

오이짠지냉국

분명 짠맛인데 이상하게 시원해요

10min

01 오이지를 미리 담근다.

02 잘 익은 오이지를 씻어 동그랗게 썰어 물 5컵(1L)에 넣는다.

03 간이 배어 나오면 청홍고추를 넣어 매콤한 맛을 주고 차갑게 하여 낸다.

재료

오이지 2개
청고추 1/2개
홍고추 1/2개

오이지

백다대기 오이 10개
소금물 1L(물 5컵, 소금 1/2컵)

> **오이지 담그는 법(30분)**
>
> 1. 백다대기 오이를 깨끗하게
>   씻은 후, 소금물을 끓여
>   뜨거울 때 붓는다.
>
> 2. 상온에서 식혀서 항아리나
>   김치 통에 담아 일주일 정도
>   지나고 노랗게 익으면 먹는다.

✱ 오이 　오이는 대표적으로 피부에 좋은 식품이다. 오이에 함유된 비타민
C와 초록색을 띠게 하는 엽록소가 보습과 미백에 도움을 주며 나아가 여드름을
방지한다. 또한, 오이는 90%가 수분으로 이루어져 있고 열량이 아주 낮기
때문에 다이어트에도 효과를 보인다. 오이에 들어 있는 칼륨과 나트륨은 노폐물,
중금속을 배출하며 이뇨작용이 활발하여 소화에도 좋고 숙취도 해소한다.
오이의 수분과 찬 성질은 가벼운 화상을 누그러뜨리는 데에도 좋다.

TIP

- 오이지를 담가두어 다른 요리에도 응용하면 좋습니다.
- '짠지'는 무를 소금으로 짜게 절여 만든 김치입니다. 이렇게 오이로도
  짠지를 만들어 먹기도 합니다.

Summer

부추찜

햇부추는 사위에게도 안 준다는 바로 그 맛!

25min

① 부추는 깨끗하게 씻은 후 4cm 크기로 썬다.

② 자른 부추에 콩가루를 묻혀 김 오른 찜통에 3~5분 찐다.

③ 양념 재료를 모두 섞는다.

④ 쪄낸 부추를 양념에 살살 버무린다.

재료
부추 200g
콩가루 1/2컵

양념
고춧가루 1작은술
간장 1큰술
들기름 2작은술
깨소금 1작은술

✱ 부추 부추는 예로부터 한방에서 각혈, 토혈 등의 증세가 보일 때 지혈제로 사용되었다. (부추를 섭취하기도 하지만, 환부에 직접 올려두어도 효과가 있다) 부추에는 칼륨이 풍부하여 나트륨을 배출시켜 부종에 좋다. 부추는 몸을 따뜻하게 해주는 성질이어서 여성의 생리통을 완화하고 냉증을 가라앉히기도 한다. 또한, 각종 성인병, 항암, 피로해소, 감기 예방에도 도움이 된다. 섬유질, 철분이 풍부하여 변비를 개선하고 빈혈도 예방할 수 있다. 무엇보다 부추는 간 해독을 보조하고 허약해진 신장을 강화하는 효과가 있다.

TIP

- 콩가루가 없으면 통밀가루를 사용해도 됩니다.
- 부추찜을 할 때는 부추 고유의 향이 죽지 않도록 마늘과 파는 넣지 않는 것이 좋습니다.
- 밀가루를 묻혀 쪄내는 채소 요리는 여름철에 잘 맞습니다.
  (꽈리고추, 가지 등)

수박속무침

속까지 파내서 먹던 알뜰함, 그러나 영양소는 듬뿍

30min

01	먹고 남은 수박의 하얀 속을 씻은 후에 수저로 떼어낸다.
02	떼어낸 수박속에 소금을 약간 뿌려서 10분 정도 절인다.
03	절여진 수박속을 꼭 짠다.
04	양념 재료를 모두 섞는다.
05	수박속을 양념으로 무친다.

재료

수박속 300g
소금 약간

양념

고추장 1큰술
고춧가루 2작은술
식초 1큰술
다진 마늘 1작은술
다진 파 1큰술
참기름 2작은술
깨소금 1작은술

✱ 수박 수박껍질에 풍부하게 함유된 라이코펜 성분과 비타민 C는 자외선을 차단하는 효과가 있어 잘 섭취하면 미백, 습진 및 여드름을 예방할 수 있다. 그리고 노폐물을 배출시켜 해독에 도움을 주고 피로해소도 돕는다. 수박은 대부분 수분으로 이루어져 있으므로 부종을 방지하고, 활성 산소를 제거하기 때문에 암 예방에도 도움이 된다.

TIP

- 수박이나 오이처럼 수분이 많은 재료는 수분이 많아서 오래 절이면 오히려 맛이 떨어지니 유념해주세요.
- 늙은 오이, 청오이, 참외 등도 같은 방법으로 무쳐 먹으면 좋습니다.

Summer

열무김치

쌉싸름한 맛, 없던 식욕을 돋우는 여름 김치

40min

01 열무는 깨끗하게 씻어 다듬은 후 6~7cm 크기로 썰어서 1시간 정도 소금물(물 15컵(3L), 소금 1/2컵)에 절인다.

02 절여진 열무는 물에 2~3번 살살 씻어낸 후 건진다.

03 쪽파는 4cm 정도 크기로, 풋고추는 어슷하게 썬다.

04 찹쌀풀을 쑤어 조금 식히고 물 1L를 부은 후, 거기에 양념 재료를 모두 섞는다.

05 열무와 쪽파, 풋고추를 **04**의 양념에 버무린다.

06 상온에서 하룻밤(24시간) 뒀다가 냉장 보관하면서 먹는다.

재료

열무 2단
쪽파 150g
풋고추 5개
소금 1/2컵

찹쌀풀

물 2컵(400mL)
찹쌀가루 3큰술

양념

고춧가루 1컵
액젓 1/3컵
다진 마늘 2큰술
다진 생강 1작은술
매실청 5큰술

✱ 열무 열무는 식이섬유가 풍부하여 신진대사와 장운동을 활발하게 한다. 전분을 분해하여 변비 예방, 소화 기관에 좋고 열무에 들어 있는 사포닌 성분이 혈관을 조절하므로 혈압을 올바르게 유지할 수 있어 고혈압에 도움이 된다. 열무의 비타민 A는 시력 건강에 좋고, 비타민 C는 피로를 해소하며 면역력을 증강시키는 등 기력을 회복하는 데 도움을 준다.

TIP

- 액젓은 멸치액젓이나 까나리액젓, 다 좋습니다.
- 여름철 김치는 국물을 자박자박하게 담고 고춧가루를 덜 넣어 담그면 시원합니다.
- 비빔국수, 물국수, 비빔밥 등에 넣어 먹으면 더 맛있게 즐길 수 있습니다.

Summer

애호박부침

텃밭에서 뚝 따다가 바로 부쳐 먹는 시골의 맛

20min

재료

애호박 2개
들기름 약간

양념

고춧가루 1작은술
간장 2큰술
물 2큰술
들기름 1작은술
다진 마늘 1작은술
깨소금 약간

01	애호박은 깨끗하게 씻어 동그랗고 도톰한 모양으로 썬다.
02	팬에 들기름을 두르고 앞뒤로 노릇하게 지져낸다.
03	양념 재료를 모두 섞어 양념장을 만든다.
04	부친 애호박과 양념장을 함께 낸다.

✻ 애호박 97쪽 설명 참고

TIP

- 이렇게 찍어 먹는 양념장은 보통 짜기 마련인데, 이때 간장과 물을 1:1로 섞어서 만들면 간이 알맞습니다.

고추무름

더운 여름 최고의 밥반찬

20min

01   풋고추는 꼭지를 떼고 씻어서 3~4등분으로 썬다.

02   멸치는 머리와 내장을 떼고 마른 팬에 1~2분 살짝 볶는다.

03   냄비에 고추와 멸치를 넣고 물 2컵(400mL)을 부은 후 국간장
4큰술을 넣고 물의 양이 반이 되도록 약한 불에서 서서히 졸인다.

04   물이 반으로 졸여지면 불을 끈다.

재료

풋고추 150g
국물용 멸치 10마리
국간장 4큰술

✽ 풋고추   풋고추에는 비타민 C가 풍부하게 함유되어 있어 피로해소와 면역력
증진에 좋다. 풋고추 2개를 섭취하면 비타민 C의 하루 권장량을 채울 수 있다.
성인병도 예방하고 항산화 효과도 볼 수 있으며, 기관지의 수축을 저지하여
폐를 보호하고 호흡기 질환에 좋기 때문에 흡연자가 풋고추를 먹어주면 좋다.
고추는 발열 식품이어서 수족냉증인 사람에게 도움이 되며 단, 지나치게 많이
섭취할 경우 위를 자극하여 위궤양으로 진전될 수 있으니 조심해야 한다.

TIP

·   예전엔 밥솥에 고추를 찌기도 했습니다. 매운맛을 좋아하면 매운 고추를,
좋아하지 않으면 맵지 않은 고추로 만들면 좋습니다. 만든 고추무름으로
밥을 비벼 먹으면 밥 도둑으로 그만입니다.

Summer

깻잎찜

깻잎을 따서 찌면 그 향이 천리만리~

30min

01	깻잎은 깨끗이 씻은 후 물기를 뺀다.
02	양념 재료를 모두 섞는다.
03	깻잎 5장을 겹쳐 놓고 양념을 고루 펴 바른다.
04	03 과 같은 방법을 반복한다.
05	냄비에 양념이 발린 깻잎들을 넣고 약한 불에서 5분 끓인다.

재료

깻잎 200g

양념

고춧가루 1큰술
간장 2큰술
물 1/2컵(100mL)
다진 마늘 2작은술
다진 파 1큰술
통깨 1작은술
들기름 1큰술

✻ 깻잎 깻잎은 비타민 C가 풍부하여 피부 건강에 아주 좋다. 또한 안토시아닌 성분이 있어 항산화 작용을 하기 때문에 노화를 방지한다. 한 연구를 통해 암에도 효능이 있다는 것이 알려지기도 했다. 항암 효과뿐만 아니라 대장균을 비롯하여 각종 균도 제거한다. 그밖에 깻잎은 심혈관 질환에도 도움을 주어 혈액순환을 활발히 하고 빈혈을 예방하며, 항균 작용까지 뛰어나 장에 있는 독소를 제거하는 데 도움을 준다.

얼갈이무침

달콤한 여름 배추 무침

20min

(01) 얼갈이는 깨끗이 씻어 4cm 크기로 자른다.

(02) 양념 재료를 모두 섞는다.

(03) 썰어둔 얼갈이에 양념을 넣고 살살 묻혀가며 고루 버무린다.

재료

얼갈이 200g

양념

고춧가루 2큰술
액젓 2큰술
매실청 2큰술
다진 마늘 2작은술
들기름 1큰술
통깨 1/2작은술

✽ 얼갈이 얼갈이에는 각종 비타민과 무기질이 다량 함유되어 있어 감기 예방에
효과가 있고, 기억력을 높이며 시력 강화에도 도움을 준다. 얼갈이는 음식으로
다양하게 활용할 수 있는 식품인데, 대표적으로 된장과 잘 어울리고 보리밥에도
넣어서 먹는다. 혈압을 안정화하므로 자주 섭취하도록 한다.

TIP

• 액젓은 멸치액젓이나 까나리액젓, 다 좋습니다.
• 여름철엔 상추, 오이 등의 푸성귀로 바로 겉절이를 만들어 먹으면
  김치 대신으로 좋습니다. 일반 김장 김치보다 저염식으로 먹고 맛도
  더욱 시원하면서 싱싱하게 즐길 수 있습니다.

강짠지지짐

별맛 없는 맛이 최고의 맛

30min

01 미리 담가둔 강짠지 무를 약간 굵게 채 썰어서 찬물에 여러 번
물을 갈아주며 간이 약간 싱겁게 되도록 한다.

02 양념 재료를 모두 섞는다.

03 강짠지 무의 간이 거의 빠지면 쌀뜨물 4컵(800mL)을 붓고,
만들어둔 양념을 넣는다.

04 부었던 쌀뜨물이 반으로 줄어들 때까지 약한~중간 불에서
뭉근하게 끓인다.

재료

강짠지 무 800g
쌀뜨물 4컵(800mL)

양념

된장 2큰술
고춧가루 1작은술
들기름 1큰술
다진 마늘 1작은술

강짠지 무

무 8kg
소금(무 무게의 1/4)
고추씨 1/2컵

강짠지 담그는 법

1. 무와 소금, 고추씨를
고루 섞어 김치 통 등에
담가 서늘한 곳에 두었다가
노랗게 익으면 먹는다.

2. 보통 3개월 이상
숙성시킨다.

TIP

• 짠지는 가을에 김장하고 남은 무에 고추씨와 소금을 넣어 짜게 담근
무절임입니다. 가을에 담지만 봄~여름에 배추와 무가 없을 때 꺼내먹던
저장 식품으로, 더운 여름에 먹는 짭짤한 강짠지 무는 수분을 뺏기지
않도록 도와주며 소화에 도움이 됩니다.

Summer

상추전

힘이 솟는다 하여 상추불뚝전이라고도 불리는 텃밭 반찬

30min

01 상추는 깨끗이 씻어 물기를 뺀다.

02 반죽 재료를 모두 섞는다.

03 팬에 식용유를 두르고 상추에 반죽을 앞뒤로 묻힌 후 노릇하게 지져낸다.

재료

상추 100g
식용유 약간

반죽

통밀가루 1컵
물 1과 1/4컵(250mL)
간장 1큰술
들기름 1큰술

✳ 상추 상추는 체내 에너지를 활성화하여 피로를 해소하면서 강장제 효과가 있다. 상추에 들어 있는 락투세신, 락투신 성분이 스트레스 및 각종 통증을 완화해주고 불면증에도 큰 도움을 준다. 고기집 술자리에서 상추를 함께 먹는 이유는, 상추가 콜레스테롤이 쌓이는 걸 방지해 피를 맑게 하고(빈혈도 예방) 간의 기능을 도와 숙취를 해소하기 때문이다. 상추에 다량 함유된 미네랄, 비타민은 장운동을 도와 변비를 해소하기도 한다.

TIP

• 겨울철엔 무와 배추로 전을 지져 먹어도 좋습니다.

오이무침

한여름에는 뭐니뭐니해도 오이 반찬이 최고

20min

재료

오이 1개
소금 1/2작은술

양념

고추장 1큰술
고춧가루 1작은술
식초 1큰술
설탕 1/2큰술
다진 마늘 1작은술

01 오이는 깨끗이 씻어 반달모양으로 썬다.

02 썰어낸 오이를 소금에 10분 정도 살짝 절인다.

03 양념 재료를 모두 섞는다. (초고추장)

04 오이의 물기를 꼭 짠 뒤에 초고추장에 무친다.

✽ 오이 99쪽 설명 참고

TIP

• 여름에 먹는 오이는 물기가 많아 수분을 보충하고 이뇨작용이 있어
  몸을 비우는 데 도움이 됩니다. 성질이 차가운 음식이라 몸을 시원하게
  식혀줍니다.

Summer

오이미역냉국

여름에 후루룩 마시는 시원한 국물

20min

재료

오이 1개
마른 미역 20g(약 1/4컵)

양념

국간장 1큰술
식초 2큰술
설탕 1작은술
소금 1작은술
통깨 약간

01 미역은 30분~1시간 정도 미리 불려 깨끗이 씻은 후 잘게 자른다.

02 오이도 씻어서 채 썰어둔다.

03 양념 재료를 모두 섞는다.

04 물 5컵(1L)에 양념을 넣어 간을 하고, 미역과 오이를 넣는다.

05 시원하게 냉장 보관하여 두었다가 먹는다.

✱ 오이 99쪽 설명 참고

TIP

• 미역은 줄기미역과 실미역이 있는데 줄기미역은 줄기가 포함된
  미역으로 산모가 주로 먹고 미역의 잎만 모아 말린 실미역은 시장 혹은
  식료품점에서 주로 판매되는 것으로 간편하게 불려 쓰기 좋습니다.
• 불려진 미역은 100g 정도 분량이 나옵니다.

Summer

감자송편

쫀득한 감자에 햇콩이 와르르~

(01) 감자녹말에 뜨거운 물 1컵(200mL)과 소금 1/2작은술을 넣고 익반죽한다.

(02) 햇콩을 준비한다.

(03) 만들어둔 감자녹말 반죽에 콩 소를 넣고 손으로 꾹 눌러 모양을 잡아가며 빚는다.

(04) 젖은 면 보자기를 김 오른 찜기에 깔고 20분 이상 쪄낸다.

(05) 뜨거울 때 참기름을 바른다.

40min

재료

감자녹말 500g
햇콩(완두콩/강낭콩) 1컵
참기름 약간
소금 1/2작은술

✻ 감자 83쪽 설명 참고

감자범벅

모양은 범벅 맛은 대박

50min

재료

감자 5개
강낭콩 1/2컵
소금 1/4작은술

반죽

통밀가루 2컵
물 4/5컵(160mL)
소금 1/4작은술

01 통밀가루 2컵에 물 4/5컵, 소금 1/4작은술을 넣어 반죽하고, 반죽에 젖은 면 보자기나 비닐 주머니를 씌워 실온에서 1~2시간 숙성시켜 놓는다. (수제비 농도의 반죽)

02 감자는 껍질을 벗겨 한입 크기로 큼직하게 썬다.

03 썰어둔 감자를 냄비에 넣고 물을 자박자박하게 붓고 소금을 약간 넣은 후 20분 정도 푹 삶는다.

04 03의 물기가 거의 없어지면 수제비를 떼어 넣고 강낭콩을 넣어 약한 불에서 은근히 감자를 뒤적이며 익힌다.

05 수제비가 다 익으면 불을 끄고 남은 열로 뜸을 5분 정도 뜸을 들인다.

✱ 감자 83쪽 설명 참고

TIP

- 범벅은 대표적인 구황작물 요리법입니다. 주재료에 통밀가루나 쌀가루 같은 곡물가루를 넣어 잘 붙게 해서 먹던 요리로 곡식이 귀한 시절에 많이 해먹던 음식입니다.

콩국

시원하고 고소한 여름 대표 보양식

30min

재료

콩(대두) 1컵

01 콩은 반나절 이상(6시간 정도) 불린 후, 냄비에 물을 6컵(1.2L) 부어 중간 불로 15분 정도 끓인다.

02 물에 담가진 채로 식힌다.

03 ⑬의 물을 그대로 사용하여 믹서에 곱게 간다.

04 차갑게 냉장하거나 얼음을 띄워 먹는다.

✽ 콩(대두) 콩은 각종 병을 예방하는 데 좋은 식품이다. 이소플라본 성분이 식물성 에스트로겐 작용을 하여, 갱년기 여성에게 나타나는 골다공증, 심장병, 동맥경화, 고혈압 등의 병을 막아주고 노화를 방지한다. 무엇보다 콩에는 단백질, 항산화 성분, 칼슘, 칼륨, 양질의 지방, 미네랄 등이 풍부하기 때문에 콜레스테롤을 분해하여 지방 흡수를 억제하고 장운동이 원활해져 변비를 예방한다. 콩을 섭취했을 때 영양공급을 더욱 잘할 수 있게 하려면 된장 등으로 먹으면 좋다.

TIP

· 콩은 껍질째 가는 것이 맛과 영양에 좋습니다.
· 예전에는 삶은 물을 버리고 헹군 후에 갈아서 먹었지만, 콩 삶은 물에 영양이 많아서 그대로 갈아도 무방합니다.

장떡구이

장마철에 빗소리 들으며 부쳐 먹는 장떡

30min

재료

| 01 | 통밀가루 2컵과 물 2컵(400mL)을 섞어 기본 반죽을 만든다. |

| 02 | 반죽에 된장, 고추장, 들기름을 풀어 간을 맞춘다. |

| 03 | 간이 된 반죽에 풋고추를 송송 썰어 넣고 나물도 한입 크기로 썰어 넣는다. (있는 나물 중 1~2가지 정도) |

| 04 | 팬에 식용유를 두르고 장떡을 구워낸다. |

재료

통밀가루 2컵
여름 나물
참나물 100g
부추 100g
깻잎 50g
풋고추 2개
된장 1큰술
고추장 2큰술
들기름 1큰술
식용유 약간

TIP

- 된장이나 고추장만으로 간을 해도 좋습니다.

보리수청

뒷뜰에 열린 시큼털털한 보리수가 열반의 경지에

20min

① 보리수는 깨끗이 씻어 물기를 뺀다.

② 설탕과 고루 섞어 유리병에 넣고 잘 섞어준다.

③ 100일 지나서 숙성되면 냉장 보관하고 물에 타 먹거나
청으로 요리에 쓴다.

재료

보리수 1kg
설탕 1kg

✻ 보리수 보리수는 여성에게 좋은 식품인데 생리 불순 해소, 월경 과다 방지,
산후 부종 제거 등의 효능이 있다. 벌레에 물린 상처 환부에 올려놓으면 독소를
빼서 통증을 가라앉히며 치질, 골수염 치료에도 도움이 된다. 보리수의 열매는
기침과 가래를 멎게 해 천식 치료에도 좋고, 이외에도 소화불량 방지, 숙취 해소,
천연 지사제 효과가 있다. 단, 변비인 사람은 많이 먹지 않는 것이 좋다.

TIP

- 보리수청은 '봄' 파트의 솔잎효소와 만드는 방법이 유사합니다.
  솔잎은 수분이 없어 매일 뒤집어야 하는 시간이 있는데, 보리수는 그대로
  두어도 괜찮습니다.
- 다른 청은 과육을 빼지만, 보리수는 과육까지 그대로 먹어도 좋습니다.
  오래 보관한다면 과육을 빼고 청만 보관합니다.
- 보리수청을 만들어 차를 만들어 먹거나 매실청처럼 요리에 적절히 쓰면
  향도 좋고 먹기에도 좋습니다.
- 개복숭아, 매실, 앵두, 오디, 으름, 꽃사과, 돌배 등으로도 청을 만들 수
  있습니다.

가을
autumn

열매와 뿌리, 뚝뚝 떨어지고 쏙쏙 파내고

가을 *autumn*

마

더덕

사과

토란

우엉

연근

호박

배

고구마

도토리	작지만 단단하고 윤기가 나는 것을 고른다. 토종 도토리가 맛있다.	
무	길이가 짧고 통통하며 뿌리는 희고 위쪽은 푸른 것, 잎까지 달린 것이 좋다. 조선무가 달고 맛있다.	
밤	밤알 크기가 고르며 윤기가 나고 단단한 것을 고른다.	
연근	중간 크기가 아삭하고 맛이 좋다. 표면에 상처가 없으며 꼬부라진 것보다 일자형인 것으로 고른다.	
수수	붉은색이 짙고 낱알이 일정하며 통통한 것을 고른다.	
고구마	상처와 수염이 별로 없으며 표면이 매끈한 것을 고른다.	
들깨	색이 짙고 알이 통통하며 으깼을 때 기름이 나는 것이 좋다. 냄새를 맡아 들깨 향이 짙고 찐든 내가 안 나야 한다.	
마	참마와 개량마가 있다. 겉에 상처가 없고 썩은 부분이 없는 것으로 고른다.	
메밀	낱알이 크고 고르며 연한 갈색이 돌고 냄새가 구수해야 한다.	
배추	채가 짧은 게 더 좋고 겉잎이 붙어 있어야 하며 눌러보아 살짝 눌리는 것이 맛있다.	
박속	들었을 때 묵직하면서, 겉이 연한 녹색을 띠면 좋다. 너무 커서 쇠한 것은 딱딱하다.	
낙지	살아 있는 것이 좋고 우윳빛에 탄력이 좋아야 한다.	
도토리묵	묵도 오래되면 진이 나고 뭉그러지므로 바로 만들어진 것으로 고른다. 국내산 도토리인지 확인한다.	

더덕	향이 짙고 중간 크기의 반듯한 것으로 고른다. 잔뿌리가 자란 것은 오래 보관한 것이다.	
우엉	뿌리가 곧고 중간에 심이 없어야 한다. 너무 큰 것은 딱딱하니 중간 크기로 상처가 없는 것을 고른다.	
토란	껍질에 상처나 썩은 것이 없고 크기가 고른 것이 좋다.	
우렁이	탄력이 있고 냄새가 비리지 않으며 검은색과 흰색이 선명한 것이 좋다. 누런 것은 오래된 것이다.	
검은콩	(서리태): 낱알이 고르며 윤기가 나는 것이 좋다. 서리태는 겉은 검으나 속은 푸르다.	
추어	(미꾸라지): 살이 올라 통통하고 크기가 크며 살아 있는 것이 좋다.	
팥	부서진 것이 없고 선명한 붉은색에 낱알이 고르고 윤기가 나는 것이 좋다.	
사과	붉은색이 선명하며 꼭지가 싱싱하고 마르지 않은 것을 고른다.	
배	크고 적당히 무거우며 꼭지가 싱싱하고 노란색이 진한 것이 좋다.	
단호박	겉은 푸른색이 짙고 들었을 때 묵직한 것이 신선한 것이다.	
늙은호박	잘 익은 것은 노랗고 겉에 하얀 가루가 있다. 너무 무겁거나 푸른색이 있으면 덜 익은 것이다.	
비지	냄새가 구수하고 바로 짠 비지가 좋다.	
보리새우	살아 있는 것이 좋고 색이 연한 분홍빛에 선명하고 투명한 것이 좋다.	

도토리묵사발

후룩후룩 마셔도 탈이 나지 않는 한 사발

20min

① 멸치육수를 미리 내어놓는다.

② 도토리묵은 채 썰어서 뜨거운 물에 2분 정도 데쳐놓는다.

③ 백김치와 대파는 송송 썰어 놓는다.

④ 육수에 국간장과 소금으로 간을 맞추고 데친 도토리묵과 백김치,
대파를 올린다.

재료

도토리묵 2모
멸치육수 8컵(1.6L)
백김치 200g
대파 1/2줄기
국간장 약간
소금 약간

육수

물 10컵(2L)
다시마 2조각
(사방 10cm×10cm)
국물용 멸치 20~25마리

육수 만드는 법(30분)

1. 물 10컵에 멸치와 다시마를
넣고 15분 담갔다가
그대로 불을 켜서 약한~중간
불로 끓인다.

2. 물이 끓으면 5분 뒤에
다시마를 건지고 10~15분
더 끓여 멸치를 건져낸다.

✱ 도토리　도토리는 적은 양에 포만감이 높으므로 묵으로 해먹었을 때
다이어트에 도움이 된다. 도토리에 함유된 타닌 성분은 지사제 역할을 하여 장을
건강하게 하는 동시에 체내에 지방이 흡수되는 것을 막아준다. 그리고 중금속을
배출해 혈액 정화 작용을 하며 지혈 효과를 볼 수 있다. 또한, 상처를 치료하는
데에도 효능이 있고 도토리의 따뜻한 성질이 몸이 차가운 사람, 특히 여성에게
있어 생리통, 각종 냉증을 완화하여 좋은 영향을 준다.

TIP

· 멸치육수는 미리 만들어 놓고(2L) 덜어 씁니다. 묵사발은 탕 요리이므로
육수를 조금 넉넉히 부어 먹습니다.
· 여름에는 국물을 차게 해서 먹으면 더 맛이 좋습니다.

Autumn

무밥

구수한 무가 밥과 함께 부드럽고 달콤하게

40min

(01) 무는 깨끗하게 씻어 채 썰어 놓는다.

(02) 밥솥에 쌀을 넣고 무를 올린 뒤에 평소보다 물을 1컵 적게 하여
3컵(600mL) 정도 부어 밥을 한다.

(03) 밥을 풀 때 무와 섞어 퍼낸다.

재료

쌀 4컵

무 400g

✱ 무 무는 자연에서 온 소화제라 할 정도로 소화가 매우 잘 되는 식품이다.
지방과 단백질을 분해하는 성분이 있어 소화를 촉진하고 변비를 예방하기
때문이다. 그리고 면역력을 높여주어 독감, 인후통에 효과적이며 성인병을
예방한다. 무의 비타민 C는 피부미용, 노화 방지에 효과가 있고, 이 비타민 C는
무 껍질에 가장 많이 함유되어 있으므로 깨끗하게 씻어 껍질째 섭취하는 것이
가장 좋다. 그밖에 무는 상처 치료, 독소 제거, 니코틴을 중화하는 효능이 있다.

TIP

• 일반 압력밥솥에서 밥을 할 때도 물을 3컵(600mL) 붓습니다. 물이 끓기
시작하면 약한 불에서 10분 정도 뜸을 들입니다.

Autumn

밤죽

아기부터 어른까지 좋아하는 가을 죽

40min

재료

쌀 1/3컵
밤 300g

01　쌀은 30분가량 미리 불린다.

02　밤은 껍데기를 벗기고 20분 정도 푹 삶는다.

03　불린 쌀을 먼저 믹서에 갈다가 삶은 밤을 넣고 곱게 간다.

04　물을 5컵(1L) 붓고 밑이 타지 않게 저어가며 죽을 쑨다. 처음에는
　　센 불로, 끓기 시작하면 약한 불로 줄여가며 한다.

✱ 밤　밤은 소화 기관에 좋은 효과가 있다. 위장의 기능을 강화하여 소화를
촉진하고 출혈을 멎게 하며, 여러 음식과 함께 섭취했을 때 그 영양소가
잘 흡수될 수 있도록 도와준다. 밤에 함유된 비타민 C는 감기를 예방하고
피부미용에 효과가 있으며 생밤을 술과 함께 먹을 때는 알코올을 산화하기도
한다. 이뿐만 아니라 발육 및 회복력에도 도움을 주어 성장기 어린이나
환자에게 좋다.

Autumn

연근밥

아삭한 연근과 밥의 조화

01 연근은 껍질을 벗기고 깨끗이 씻어 한입 크기로 얇게 썬다.

02 끓는 물에 식초 1큰술을 넣고 연근을 3분 정도 데친다.

03 쌀과 데친 연근, 다시마 한 조각을 넣어 밥을 한다.

재료

쌀 4컵
연근 200g(1/2개)
다시마 1조각
식초 1큰술

✱ 연근 연근은 주로 탄수화물로 이루어져 있으며 비타민 C도 다량 함유되어
있어 식이섬유를 풍부하게 갖춘 식품이다. 연근의 껍질에 영양소가 풍부하게
있으므로 껍질째 갈아서 먹으면 기침을 가라앉히고 감기에도 도움이 된다.
연근에 있는 철분은 체내 혈액 생성을 돕고 뇌의 신경을 강화하여 기억력을
높이고 치매도 예방할 수 있다. 그밖에 각종 스트레스, 코피, 인후통, 위궤양을
예방하고 소화에도 좋다.

TIP

· 일반 압력밥솥에서 밥을 할 때는 끓기 시작하면 약한 불에서 10분 정도
뜸을 들입니다.

Autumn

빼떼기죽

배고플 때 꿀맛인 할머니의 죽

재료

말린 고구마 100g
생고구마 1개
수수 100g
조 50g
팥 100g
소금 약간
설탕 약간

01 말린 고구마와 잡곡(수수, 조, 팥)은 5~6시간 이상 미리 불려둔다.

02 불린 팥과 말린 고구마를 냄비에 넣고 물을 넉넉히 하여
(재료의 3배 정도) 30분간 센 불에서 끓인다.

03 팥이 익기 시작하면 생고구마를 작게 썰어서 넣고 나머지 잡곡도
마저 넣은 후, 냄비에 눌어붙지 않도록 저어가며 약한 불에서
20분 정도 죽을 끓인다.

04 다 끓으면 소금과 설탕으로 밑간한다.

✽ 고구마 고구마의 대표적인 효능은 섬유질이 아주 풍부해 대장운동을 도와
변비에 매우 좋다. 당 지수(GI)가 감자의 절반이어서 다이어트 식품으로도
널리 사랑받는다. 고구마에는 칼륨이 풍부하게 함유되어 있어 몸속 나트륨을
배출시켜 각종 붓기와 고혈압을 가라앉히고 혈중 콜레스테롤도 조절한다.
또한, 성인병 예방에 아주 좋으며 껍질째 먹을 경우 영양소를 더 풍부하게
섭취할 수 있다.

TIP

- 말린 고구마가 없으면 생고구마를 잘라서 푹 끓여 씁니다.
- 빼떼기는 생고구마나 삶은 고구마를 납작하게 썰어 말린 것으로, 말릴
  때 수분이 날아가면서 고구마가 뒤틀려지는데 이 모양을 경상도 말로
  빼떼기라 부릅니다. 경상도와 제주도에서 주로 즐겨 먹던 간식이며 먹을
  것이 부족할 때에는 이것으로 죽을 해먹었습니다.

Autumn

깻묵죽

거친 고소함이 건강함으로 들어오는

30min

재료

쌀 1컵
통들깨 1/2컵
소금 약간

01 쌀은 30분가량 미리 불린다.

02 통들깨는 깨끗이 씻은 후 믹서에 곱게 간다.

03 불린 쌀에 물 5컵(1L)을 넣고 센 불에 끓이다가 끓기 시작하면
약한 불로 줄인다.

04 쌀알이 잘 퍼지기 시작하면 갈아 놓은 들깨를 넣고 한소끔
더 끓인다.

05 소금으로 간을 맞춘다.

✱ 들깨 들깨는 항산화 작용이 활발하여 세포의 노화를 방지한다. 장운동도
도와서 변비 예방에 도움이 되며 콜레스테롤을 조절하여 동맥경화 등 혈관
질환에 효과가 크다. 이외에도 위궤양, 바이러스성 기관지염, 감기 예방,
불용성 식이섬유의 영향으로 인한 발암물질 제거 등 발병을 막을 수 있게 한다.
또한, 들깨에는 오메가3 지방산(리놀렌산)이 다량 함유되어 두뇌발달에 효과가
있어, 성장기 어린이에게 좋으며 치매 예방에도 도움을 준다.

Autumn

마구이

구워 먹으면 아삭하고 단맛 나는 건강식

15min

① 01 마는 껍질을 벗겨 깨끗하게 씻어 도톰한 크기로 썬다.

② 02 팬에 들기름을 약간 두르고 마를 앞뒤로 5분 정도 굽는다.

③ 03 소금과 함께 낸다.

재료

마 400g
들기름 약간
소금 약간

✽마 마에 함유된 식이섬유는 알로에의 4배가량 되어 소화력을 높이고 변비
예방에 좋다. 신체 기능을 강화하고 스트레스를 해소해 정신적으로도 도움이
되는데, 집중력과 기억력을 높이는 등 공부에 매진하는 학생들에게 좋다.
그리고 위를 보호하여 위산 과다, 위궤양을 예방하고 치료하는 데에 도움을 준다.
또한, 콜레스테롤 수치를 조절하는 등 혈관 질환에 큰 도움이 되며 인슐린 분비를
촉진해 당뇨병 환자에게도 좋다. 다만 피부에 닿으면 가려울 수 있고 몸이 약할
때 많이 섭취하면 설사를 유발할 수 있으니 주의한다.

Autumn

20min

메밀묵무침

덤벙한 맛이지만 먹을수록 끌리는 맛

01 메밀묵은 한입 크기보다 조금 더 큰 크기로 썬다.

02 김치를 송송 썰어서 들기름과 깨소금에 무친다.

03 김치와 메밀묵을 곁들여 낸다.

재료

메밀묵 2모
신김치 300g
들기름 1큰술
깨소금 약간

✳ 메밀 메밀은 대체로 찬 성질이어서 체내 열을 낮추고 열독을 제거하는
효과가 있으며 염증을 가라앉게 한다. 메밀에 다량 함유된 루틴 성분이 항산화
작용을 하여 체내 활성산소를 제거하기 때문에 혈관 질환에 좋은 식품이다.
또한, 비만이나 당뇨병을 예방하기에 좋으며 간세포의 손상을 막고 재생하도록
돕는 역할도 한다. 메밀은 두부보다 더 많은 단백질을 함유하고 있다.

TIP

· 녹두묵이나 도토리묵은 굳는 성질이 있어 데쳐서 먹어도 되지만,
  메밀묵은 조직이 아주 연하므로 데치면 부서지기 때문에 그대로
  먹습니다.

Autumn

메밀빙떡

구수한 메밀떡과 달콤한 무가 한입에 쏙

재료

메밀가루 2컵
무 300g
들기름 약간
소금 약간

01 메밀가루 2컵에 물 2컵(400mL)과 소금 1/4작은술을 넣고 반죽한다. (약간 흐를 정도의 반죽)

02 무는 깨끗하게 씻은 후, 곱게 채 썰어 소금 1/2작은술을 넣어 10분 정도 절인다.

03 절여진 무의 물기를 살짝 짠 후, 팬에 들기름을 두르고 무가 익을 때까지 볶는다.

04 다시 팬에 들기름을 두르고 반죽을 한 국자씩 떠서 전병으로 부친다.

05 전병이 뜨거울 때 볶아둔 무나물을 넣고 돌돌 만다.

06 한입 크기로 썰거나 그대로 낸다.

✱ 메밀 151쪽 설명 참고

TIP

- 메밀가루는 끈기가 없어서 미리 반죽해 놓으면 찰기가 생겨 부칠 때 좋습니다.
- 무나물 외에도 김치를 볶아 소로 넣어 먹으면 맛있습니다.

Autumn

수수부꾸미

쌉싸름한 수수의 맛을 그대로 부쳐 먹는

25min

01 찹쌀수수는 깨끗이 씻어 하룻밤(24시간 정도) 충분히 불린다.

02 불린 찹쌀수수를 믹서에 곱게 간다.

03 갈아둔 찹쌀수수에 찹쌀가루를 섞고 물 1컵(200mL)과 소금 1/4작은술을 넣어 되직한 부침 농도로 반죽한다.

04 팬에 식용유를 두르고 한 국자씩 부친다. 앞뒤로 노릇하게 부쳐서 접어낸다.

재료
찹쌀수수 150g
찹쌀가루 50g
식용유 약간
소금 1/4작은술

✱ 수수 수수는 혈관 질환에 도움이 된다. 흑미나 적포도주보다 항산화 성분이 더 많으며 곡류 중 유일하게 타닌이 풍부하게 함유되어 있어서 각종 염증을 치료하고 면역력도 높인다. 수수의 따뜻한 성질은 설사나 급체 증상에 도움이 되며, 열량이 낮아 다이어트에 좋고 피부미용, 노화 방지에도 효과를 볼 수 있다.

TIP
- 부꾸미 속에 팥이나 녹두 등의 소를 넣어 먹어도 좋습니다.

Autumn

박속낙지탕

시원하고 감칠맛 나는 가을철 별미

30min

01 낙지는 통밀가루와 함께 주무르면서 깨끗이 씻어 5cm 크기로
자른다.

02 박속은 껍질을 벗기고 깨끗이 씻은 후 어슷썰기 하고 청고추,
홍고추, 대파도 어슷하게 썬다.

03 박속을 센 불에서 10분 정도 끓인다.

04 박이 익으면 낙지와 썰어둔 채소들, 다진 마늘을 넣고 다시
한소끔 끓으면 국간장으로 색깔을 낸 후, 소금으로 간을 맞춘다.

재료

낙지 2마리
박속 200g
대파 1줄기
청고추 1개
홍고추 1개
다진 마늘 1작은술
통밀가루 약간
국간장 약간
소금 약간

✱ 박속 박에는 각종 영양소가 풍부하게 함유되어 있어 골다공증을 예방하고,
나트륨 배출을 원활하게 하여 콜레스테롤 조절 및 혈압 수치를 낮추므로
혈관 질환에 좋다. 눈 건강과 변비 예방에도 도움이 된다.

✱ 낙지 피로해소, 원기회복에 아주 좋다. 콜레스테롤 수치를 낮춰 혈관 건강에
도움이 되며 빈혈을 예방한다. 숙취 해소에도 좋으며 두뇌발달에도 효과가
있어 성장기 어린이와 수험생이 먹어주면 좋다. 100g에 53kcal라는 저열량으로
다이어트에도 효과 만점이다.

TIP

· 박속이 없으면 무로 대신합니다.
· 해산물은 밀가루에 비벼 씻으면 냄새도 없어지고 특유의 끈기와 뻘이
제거됩니다.
· 낙지는 오래 익히면 질겨지므로 끓자마자 불을 꺼야 합니다.
· 탕을 먹은 후 그 국물에 수제비나 칼국수 등 사리를 넣어 끓여 먹어도
좋습니다.

Autumn

우렁쌈장

논두렁에서 잡은 우렁이로 보글보글 끓이는 된장찌개

25min

① 우렁이는 통밀가루에 묻혀가며 깨끗하게 씻는다.

② 대파와 고추는 송송 썰고 두부는 곱게 으깬다.

③ 냄비에 물 1컵(200mL)을 붓고 된장, 고춧가루, 다진 마늘을 풀어 넣은 후, 나머지 재료를 넣어 10분 정도 바글바글 끓인다.

재료

우렁이 200g
두부 1/2모
대파 1줄기
고추 2개
된장 3큰술
고춧가루 1큰술
다진 마늘 1큰술
통밀가루 약간

✽ 우렁이 병을 치료하는 데 있어 우렁이는 환영받는 식품이다. 십이지장궤양, 위궤양 등 위장병을 치료하는 비타민 U가 풍부하게 함유되어 있으며 그 밖에 눈과 관련된 각막염, 결막염에도 좋고 황달, 피부노화 방지 등의 효과도 볼 수 있다. 골다공증과 당뇨병 예방, 악성종양 제거, 간 기능 회복, 숙취에도 좋다.

TIP
· 밥에 비벼 먹거나 쌈 채소에 싸먹어도 좋습니다.

Autumn

비지찌개

구수한 손맛과 칼칼한 김치로 끓이는 영양식

30min

재료

뜬비지 150g
김치 150g
다진 마늘 2작은술
대파 1/2줄기

육수

물 5컵(1L)
다시마 1조각
(사방 10cm×10cm)
국물용 멸치 10~15마리

01 멸치육수 5컵(1L)을 미리 만들어 두고 육수에 김치를 송송 썰어 넣는다.

02 뜬비지를 풀어 넣는다.

03 다진 마늘, 대파를 송송 썰어 넣고 한소끔 끓인다.

> **육수 만드는 법(30분)**
>
> 1. 물 5컵에 멸치와 다시마를 넣고 15분 담갔다가 그대로 불을 켜서 약한~중간 불로 끓인다.
>
> 2. 물이 끓으면 5분 뒤에 다시마를 건지고 10~15분 더 끓여 멸치를 건져낸다.

＊비지 비지에는 섬유소가 아주 풍부하여 장운동을 활발하게 하므로 변비 개선에 효과가 있다. 골다공증 예방과 당뇨병 개선에도 도움을 준다. 비지의 이뇨작용은 부종에 도움을 주고 항산화 작용도 하여 각종 갱년기 증상을 완화하기도 한다. 체중 조절을 하는 사람에게 도움이 되는 영양소가 풍부하므로 다이어트를 할 때 먹으면 좋다.

TIP

- 뜬비지는 비지를 다시 따뜻하게 발효시킨 것으로 생비지보다 맛이 달고 부드럽습니다. (비지를 뚜껑 덮는 그릇에 넣어 따뜻한 곳에서 24시간 발효시킵니다)
- 뜬비지가 없으면 생비지를 사용해 뜬비지와 같은 방법으로 요리해도 좋습니다.

배추지짐

된장을 만나서 부드러워진 배추지짐

30min

(01) 배추를 끓는 물에 5분 정도 데친 후, 한입 크기로 썰어둔다.

(02) 멸치를 뺀 나머지 양념 재료를 배추에 넣고 버무린다.

(03) 버무린 배추에 멸치를 넣는다.

(04) 물을 자작하게 부어 중간 불에서 20분 정도 푹 끓인다.

재료

배추 500g

양념

된장 2큰술
멸치 5마리
다진 마늘 2작은술
대파 1/2줄기
고춧가루 1작은술

✱ 배추 배추는 성질이 차서 열을 내리는 효과가 있다. 그리고 이뇨작용이 활발해 소화력을 높이고 배변 활동에도 도움이 된다. 뿌리에는 비타민 C와 식물성 섬유가 풍부하고 칼슘, 철분, 카로틴이 많아 감기 예방에 좋다. 다만 성질이 차기 때문에 비장과 위장이 찬 사람은 많이 먹지 않도록 한다.

TIP

• 배추를 한 번 데쳐서 쓰면 무르지 않습니다.

Autumn

더덕구이

인삼보다 더 맛있는 숲의 보물

30min

01 더덕은 껍질을 까서 깨끗이 씻은 후 편으로 도톰하게 썰어 방망이로 살살 두들겨 부드럽게 만든다.

02 양념 재료를 모두 섞는다.

03 양념을 앞뒤로 발라 10분 정도 재워둔다.

04 팬에 식용유를 살짝 두르고 앞뒤로 노릇하게 굽는다.

재료

더덕 200g
식용유 약간

양념

고추장 2큰술
다진 마늘 1작은술
다진 대파 1큰술
참기름 1큰술
깨소금 1작은술
조청 1큰술

✱ 더덕 더덕은 스태미너 증진, 여성 갱년기 증상 예방에 효과가 있으며, 출산한 산모의 기력 회복에도 도움이 된다. 또한, 피부에 생기는 염증을 제거하여 여드름, 아토피, 기미 등 피부 질환을 치료하고 각종 기관지 질환에 효능이 있어 폐를 보호하며 폐 속에 있는 고름이나 독소를 제거할 수 있게 한다. 이외에도 고혈압 등 혈관 질환 예방, 소화력을 촉진하며 입맛이 없을 때도 좋다.

TIP

• 통도라지도 같은 방법으로 구워내면 맛있습니다.

Autumn

우엉볶음

향긋함이 남다른 뿌리식품

30min

01 우엉은 껍질을 벗기지 말고 깨끗하게 씻는다.

02 우엉을 껍질째 가늘게 채 썬다.

03 끓는 물에 식초 1큰술 넣고 우엉을 1~2분 정도 살짝 데쳐낸다.

04 데친 우엉을 냄비에 넣고 양념 재료를 모두 넣어 약한 불에서
서서히 졸인다. 냄비에 물이 한 숟가락 정도 남을 때 불을 끈다.

05 마지막에 참기름과 통깨로 버무린다.

재료

우엉 200g
식초 1큰술
참기름 1작은술
통깨 약간

양념

간장 1큰술
조청 2큰술
물 1/2컵(100mL)

✱ 우엉 우엉은 식이섬유가 풍부하여 변비를 개선하며 대장암 예방에도 좋다.
또한, 신장 기능을 강화하고 체내 당 흡수를 막으면서 혈당을 낮추므로 당뇨병을
예방한다. 우엉 속 타닌 성분은 염증을 가라앉히는 효과가 있어 여드름, 아토피
등 피부병 치료에도 효과가 있다.

TIP

- 우엉을 썰 때 채칼을 이용하면 편합니다.

Autumn

토란찜

땅 속의 달걀, 그 푸근한 맛

30min

01 토란은 껍질을 벗긴 후, 깨끗하게 씻는다.

02 쌀뜨물에 넣고 2~3분 데친다.

03 양념 재료를 모두 섞는다.

04 데친 토란과 다시마를 냄비에 넣고 물 1컵(200mL)을 붓는다.

05 만들어둔 양념을 넣고 약한~중간 불에서 15분 정도 익힌다.

재료

토란 400g
다시마 1조각
쌀뜨물 약간

양념

간장 2큰술
청주 2큰술
설탕 1작은술

✱ 토란 정신적 건강에 이로운 식품이다. 신경 면역계 기능을 강화하여 숙면,
불면증 치료, 뇌 기능 발달, 우울증 증상 완화, 피로해소에 큰 도움이 된다. 또한,
편두통을 예방하고, 혈중 콜레스테롤을 낮추며 유방암 세포가 늘어나는 것을
막아 항암 효능도 보인다. 이외에도 전립선 비대증을 치료하는 데도 도움이 된다.

TIP

· 쌀뜨물이 없을 땐 식초 탄 물(토란 데칠 물+식초 1큰술)을 씁니다.
· 마, 연근, 우엉 등의 뿌리채소를 같은 방법으로 찜을 해먹으면 좋습니다.

Autumn

우거지지짐

제6대 영양소인 섬유소를 흠뻑 머금은 우거지

30min

① 얼갈이는 다듬어 깨끗이 씻은 후 끓는 물에 2~3분 정도 데쳐 헹구고 물기를 뺀다.

② 데친 얼갈이를 5~6cm 크기로 썬다.

③ 양념 재료를 모두 섞는다. (대파는 송송 썬다)

④ 데친 얼갈이와 양념을 냄비에 넣고 무친다.

⑤ 물을 자작하게 부어 15분 정도 끓인다.

재료

얼갈이 300g

양념

된장 1큰술
간장 1큰술
고춧가루 1큰술
다진 마늘 2작은술
대파 1/2줄기

✽ 얼갈이 113쪽 설명 참고

TIP

· 가을철에 배추나 무청 겉잎들이 나올 때, 데쳐놨다가 찌개를 끓여 먹으면 좋습니다.

· 우거지와 시래기의 차이점: 우거지는 채소의 겉잎을 뜻하며 말리지 않고 데쳐서 먹습니다. 시래기는 말려서 다시 삶아 씁니다. 재료는 같지만, 조리방식이 다릅니다.

Autumn

추어탕

가을철 특급 보양식

50min

재료

미꾸라지 500g
얼갈이 200g
생강 1쪽
청양고추 2개
대파 1줄기
술(청주/소주) 1/4컵(50mL)
통밀가루 약간
소금 약간

양념

된장 2큰술
간장 1큰술
고춧가루 1큰술
다진 마늘 1큰술

01 미꾸라지는 소금과 통밀가루로 문질러서 점액질을 제거하여 다시 깨끗이 씻는다.

02 냄비에 물을 붓고 손질한 미꾸라지와 술, 편으로 썬 생강을 넣어 센 불에서 20분 정도 푹 끓인다.

03 얼갈이는 다듬어서 끓는 물에 2~3분 데쳐 물기를 뺀 다음, 큼직하게 썰고 청양고추와 대파는 작은 크기로 송송 썬다.

04 끓인 미꾸라지를 얼개미(체)에 곱게 내린다.

05 양념 재료를 모두 섞는다.

06 내린 국물에 양념을 풀고 데친 얼갈이와 채소들도 넣어 15분가량 푹 끓인 후, 소금으로 간을 맞춘다.

✱ 추어(미꾸라지) 대표적인 원기회복 식품이다. 양파와 함께 섭취할 때 특히 강장 작용이 활발해지고 피로를 해소한다. 몸에 좋은 불포화지방산이 풍부해 혈중 콜레스테롤 수치를 낮춰 각종 성인병 예방에도 효과가 있으며 단백질, 칼슘, 비타민 A의 함유량이 높아 피부 건강, 골다공증 예방, 성장기 어린이에게 도움이 되고 야맹증 치료에도 도움을 준다.

TIP

- 취향에 따라 산초가루를 곁들이면 좋습니다.

보리새우무지짐

시원하고 담백한 민물 새우와 무의 만남

30min

재료

보리새우 150g
무 800g
대파 1줄기

양념

액젓 5큰술
고춧가루 2큰술
다진 마늘 1큰술
다진 생강 1/2작은술
들기름 1큰술

01 보리새우는 깨끗이 씻는다.

02 무도 깨끗하게 씻은 후 적당한 크기로 썰어 놓는다.

03 양념 재료를 모두 섞는다.

04 썰어 놓은 무에 물을 자작하게 부은 후 센 불에서 양념을 넣고
20분 정도 푹 끓인다.

05 무가 거의 물컹해지면 보리새우와 어슷하게 썬 대파를 넣고
한소끔 더 끓인다.

✱ 보리새우 보리새우는 민물에서 서식하는 새우를 말하며 바다에 사는
새우와는 달리 따뜻한 성질을 지닌다. 보리새우의 껍질에 함유된 성분이 혈당을
낮추고, 간 기능 향상, 종기와 염창에도 효과가 있으며 무릎과 허리가 좋지 않을
때, 출산 후 산모의 모유가 잘 나오지 않을 때도 도움이 된다. 그러나 과민성
알레르기가 있는 사람은 먹지 않는 것이 좋다.

TIP

· 새우, 조개 등의 해물과 무는 궁합이 잘 맞습니다.
· 액젓은 멸치액젓이나 까나리액젓, 다 좋습니다.

Autumn

콩설기

백설기에 콩이 송송 박힌 시루떡

50min

재료

쌀가루 500g
검은콩(서리태) 1과 1/3컵
설탕 2큰술
소금 1작은술

01 검은콩은 3시간 정도 미리 불린다.

02 쌀가루에 소금과 설탕을 섞고 물을 2~3큰술 넣은 다음,
잘 비벼서 체에 내린다.

03 젖은 면 보자기를 찜기에 깔고 쌀가루와 불린 검은콩을 섞은
떡살을 넣는다.

04 김 오른 찜기에서 25분가량 찌고 불을 끈 후 10분간 뜸을 들인다.

✳ 검은콩(서리태) 검은콩은 단백질, 몸에 좋은 불포화지방산을 풍부하게
함유하고 있다. 대표적인 효능으로는 탈모 예방, 피부 노화 방지를 들 수 있다.
체내 콜레스테롤을 조절하고 혈액 순환을 원활하게 하여 동맥경화, 고혈압,
고지혈증 등 혈관 질환에도 좋다. 모든 콩은 항암 효과가 있는데 검은콩 역시
암을 예방하는 데 도움이 된다.

TIP

- 콩은 보통 6시간 정도 불리지만, 떡을 찌는 시간이 있으므로 3시간 이상
불립니다.
- 쌀가루가 마르면 쪄지지 않으니 촉촉하게 물을 주어서 내려야 합니다.
쌀가루를 쥐어서 흔들어보고 흩어지지 않을 정도면 좋습니다.
- 뜸을 들일 때 김이 새지 않도록 김 샐 곳을 잘 마무리합니다.

Autumn

묵전

쫄깃하고 배토롬한 맛

25min

재료

통밀가루 2컵
도토리묵 가루 1/2컵
백김치 200g
들기름 약간

01 통밀가루와 도토리묵 가루를 고루 섞는다.

02 백김치는 작은 크기로 송송 썬다.

03 섞어둔 가루에 물 3컵(600mL)을 넣고, 썰어둔 백김치도 넣은 후 부침용 반죽을 만든다.

04 팬에 들기름을 두르고 얇게 부쳐낸다.

✳ 통밀 29쪽 설명 참고

✳ 도토리 137쪽 설명 참고

Autumn

고구마말랭이

쫀득하고 달달한 영양 간식

45min

재료

호박 고구마(물고구마 종류) 10개

(01) 고구마는 껍질째 깨끗이 씻은 후, 찜기에 30~40분 푹 쪄낸다.

(02) 고구마가 식으면 도톰한 크기로 썬다.

(03) 채반에 널어 바람이 잘 통하는 시원한 곳에서 꾸덕꾸덕하게
2~3일 정도 말린다.

(04) 냉동실에 보관해두면서 먹는다.

✱ 고구마 145쪽 설명 참고

TIP

· 갓 요리한 고구마말랭이에는 아직 수분이 남아 있어 냉장 보관하면 빨리
상하므로 냉동실에 보관합니다. 실온에서는 며칠 동안만 먹을 수 있지만,
냉동실에 넣었을 때는 1~2개월까지도 두고 먹을 수 있습니다.

Autumn

호박범벅

동네 할머니는 모두 다 좋아한다는 별미

60min

01 팥은 미리 6시간 이상 불린 다음, 30분 이상 삶아 놓는다.

02 늙은 호박, 단호박 모두 껍질을 벗기고 속을 털어내어 큼직하게 자른 후, 물을 충분히 붓고 20분 정도 푹 무르게 끓인다.

03 고구마는 껍질째 씻어 작게 썬다.

04 02 의 호박들이 뭉그러지게 삶아지면 팥, 강낭콩, 고구마를 넣고 20분 정도 약한~중간 불에서 끓인다. 가끔 밑이 타지 않게 저어준다.

05 찹쌀가루를 물에 개어 넣어가며 농도를 맞춘다. 소금으로 간을 한다.

재료

단호박 500g
늙은 호박 500g
팥 1/2컵
강낭콩 1/2컵
고구마 1개
찹쌀가루 1/4컵
소금 약간

✱ 단호박 단호박은 지방 함유량이 낮고 섬유소가 풍부하다. 포만감은 높고, 속도는 느리지만 부드럽게 소화되므로 다이어트에 좋은 식품이다. 단호박은 면역체계를 강화시키며, 체내에 흡수되어 비타민 A로 전환되므로 백내장 등의 병을 예방하여 눈을 보호한다. 또한, 피부미용, 부종 제거, 신진대사가 활발하며 당뇨병 예방에도 효과적이다. 이외에도 자극적인 음식을 섭취할 때 위 점막을 보호하는 등 위 기능을 강화하여 위궤양을 치료하는 데 도움이 된다.

✱ 늙은 호박 늙은 호박은 기력 회복에 도움이 된다. 마른 사람이 장기적으로 섭취하면 살이 찌며, 저열량에 이뇨 작용이 활발해 지방의 축적을 막아줘서 비만한 사람의 다이어트에도 효과가 있다. 피부미용, 시력 건강에 좋고 성인병, 감기, 변비, 고혈압, 불면증, 전립선염, 암, 중풍 등 각종 병을 예방한다. 당근과 같이 하루 반 컵 정도 꾸준히 먹으면 폐암 가능성을 반으로 줄일 수 있다고 밝혀지기도 했다.

Autumn

겨울
winter

묵나물과 잡곡, 봄부터 가을까지의 선물

겨울 *winter*

파래

애호박고지

곤드레

곶감

조

미나리

귤

검은콩

시금치

톳 | 짙은 갈색에 통통하게 잘 여물고 윤기 있는 것을 고른다. 오래된 것은 무르고 냄새도 좋지 않다.

파래 | 푸른색에 진한 향이 나는 것으로 고른다. 무르거나 물기가 흐르면 오래된 것이다.

조 | (기장): 낱알이 균일하고 부서진 것이 없으며 색이 똑같은 것이 좋다.

오징어 | 탄력과 윤기가 있고 살짝 갈색빛이 도는 것으로 고른다. 살이 누렇거나 붉은 기가 있으면 오래된 것이니 피한다.

미역 | 갓이 두껍고 진한 갈색을 띠며 표면에 하얀 가루가 고르게 묻은 것이 좋다. 생미역은 진한 갈색에 윤기 있는 걸 고른다.

고등어 | 윤기가 나고 탄력이 있고 눈알이 선명한 것이 싱싱하다.

시래기 | 마른 것은 부서지지 않고 반듯한 것을, 불린 건 미끄럽지 않고 묻어나지 않는 누런색을 고른다.

꼬막 | 살아 있는 것으로 고르며 냄새가 좋고 되도록 참꼬막으로 산다.

시금치 | 푸른색이 선명한 것을 고른다. 채가 짧은 것은 국이나 나물용, 채가 긴 서양종 시금치는 생으로 먹는 샐러드 등에 알맞다.

청국장 | 누런 황금색에 콩알이 적당히 크고 진이 적당히 나면 좋다.

가자미 | 탄력이 좋고 우윳빛에 비린내가 나지 않는 것으로 고른다.

두부 | 만든 날짜와 국내산 콩인지 확인하고 고른다. 미국산 콩으로 만든 것은 거의 GMO(유전자 재조합) 콩이니 피한다.

코다리 | 명태를 반건조한 것이 코다리인데 탄력이 있고 냄새가 쿰쿰하지 않은 것을 고른다. 누런 것은 산패한 경우가 많으니 피한다.

홍시 | 적당히 익어서 탄력과 윤기가 있고 색이 진할수록 좋다.

귤 | 겉껍질에 상처나 무른 것이 없고 중간 크기가 좋다. 노랗게 잘 익은 것이 당도도 높다.

호두 | 낱알이 고르고 윤기가 나는 것이 좋다. 너무 누렇거나 까만 것은 오래된 것이니 피한다.

애호박고지 | 겉은 선명한 푸른색에 속은 적당히 하얀 것, 부서지지 않았으며 햇볕에 말린 것을 고른다.

곶감 | 색이 약간 진하며 흰 가루가 고루 묻어 있는 것이 좋다. 너무 선명한 붉은빛은 약품 처리한 것이니 피한다.

톳밥
오도독 씹히는 진한 바다의 냄새

01 톳은 깨끗이 씻어 끓는 물에 1~2분 정도 살짝 데친다.

02 톳을 찬물에 헹궈서 잘게 자른다.

03 쌀에 톳을 넣고 밥을 한다. 톳에 수분이 조금 있으니
평상시보다 물을 1/4컵(50mL) 정도 줄인다.

재료

쌀 4컵
톳 100g

✱ 톳 톳은 우유보다 칼슘이 14배, 철분이 550배 들어있다. 치아 건강, 모발에
도움이 되며 임신부가 먹으면 아이의 뼈 건강에도 좋다. 콜레스테롤 수치를
낮추고 지방의 흡수를 막기 때문에 비만에도 효과가 있다. 그리고 당뇨병의
합병증인 혈관 노화를 방지한다. 섬유소의 함유량도 많아 장운동, 피부미용에도
효과적이다.

TIP

- 일반 압력밥솥으로 밥을 할 때는 쌀과 톳을 넣고 물을 부어 처음 끓을
  때까지는 센 불에 끓입니다. 끓기 시작하면 약한 불로 줄여 10분 정도
  뜸 들이고, 불을 끈 후 5분 정도 기다렸다가 고루 섞어줍니다.
- 생미역이나 다시마를 넣고 밥을 해도 좋습니다.

35min

조밥

알알이 부드럽게 섞여서 맛있는 노란 영양밥

재료
쌀 3컵
조 1컵

01 조는 깨끗이 씻는다. 흙이 있을 수 있으니 조심해서 잘 거른다.

02 쌀과 함께 잡곡밥 코스로(전기밥솥) 밥을 짓는다.

✱ 조(기장) 조는 기력 회복에 도움을 준다. 각종 영양소가 풍부하게 함유되어 있어 환자나 아이의 이유식으로 널리 쓰인다. 소화 흡수력을 높이고 체내 독소와 습한 기운을 없애며 위장을 튼튼하게 해주는 효능이 있다. 하지만 성질이 차갑기 때문에 지속적으로 섭취하는 것은 좋지 않으니 주의한다.

TIP

· 전기 압력밥솥에서 밥을 할 때는 조를 불리지 않아도 괜찮지만,
  일반 압력밥솥에서는 6시간 정도 불리면 좋습니다.

늙은호박죽

남녀노소 모두가 좋아하는 달콤하고 부드러운 노란 호박죽

60min

재료

늙은 호박 1kg
쌀 1/2컵
소금 약간

01 쌀은 30분 정도 미리 불려놓는다.

02 늙은 호박은 껍질과 속을 긁어내어 씨에 붙어 있는 여러 가지를
   걷어내고, 큼직하게 썰어 물을 넣은 다음 20분 정도 푹 끓인 후에
   그대로 식힌다.

03 불린 쌀을 믹서에 넣고 갈다가 식힌 호박을 넣어 같이 곱게 간다.

04 갈아진 쌀과 호박을 냄비에 넣고 끓이다가 소금으로 간을 맞춘다.

✱ 늙은 호박 183쪽 설명 참고

TIP

• 취향에 따라 설탕 등을 넣어도 좋습니다.

Winter

미역죽

바다의 부드러운 맛죽

50min

재료

쌀 1컵
마른 미역 40g
참기름 약간
간장 1큰술
소금 약간

01 마른 미역은 30분~1시간, 쌀은 30분 정도 불린다.

02 불린 미역을 씻은 후 잘게 썰고, 냄비에 참기름을 둘러서 불린 쌀을 투명해질 때까지 볶는다.

03 쌀알이 투명해지면 물 5컵(1L)과 미역을 넣어 쌀알이 잘 퍼질 때까지 약한 불에서 10분 정도 저어주며 끓인다.

04 마지막에 간장과 소금으로 간을 맞춘다.

✽ 미역 미역에는 요오드, 칼륨, 칼슘, 식이섬유 등이 풍부하게 들어 있어 신진대사가 활발해지고 상처도 빠르게 회복되는 효능이 있다. 특히 산모에게 좋은데, 자궁 수축과 뼈 건강에 이로워서 출산한 후에는 미역국을 먹는 것이 관례이다. 미역의 성분이 십이지장궤양, 위궤양에도 도움을 주며 동맥경화, 고지혈증, 심장병, 뇌졸중 등의 병을 예방하기도 한다. 이외에도 변비 예방, 각종 해독 작용, 항암 치료 등의 효능이 있다.

TIP
· 재료의 마른 미역 40g을 불리면 200g 정도 분량이 됩니다.

Winter

오곡밥

정월 대보름에 먹는 맛밥

50min

01 팥은 반나절(약 6시간), 쌀은 30분 정도, 나머지 잡곡은 모두
1시간 이상 미리 불려 놓는다.

02 불린 팥을 20분 정도 삶는다.

03 모든 잡곡을 잘 섞고 소금 간을 살짝 한 다음, 찜통에 중간 불에서
30분 정도 찐다.

재료
찹쌀 2컵
멥쌀 1컵
수수 1/2컵
팥 1/2컵
콩 1/4컵
소금 약간

✱ 팥 팥에는 각종 영양소가 균형 잡혀 있다. 현미보다 비타민 B1이 더 많고
이외에도 칼슘, 철분, 인, 섬유소, 비타민 A, 비타민 B2 등이 함유되어 있어
당뇨병 예방, 알코올 배출(해독 작용)에 효과를 보인다. 노폐물 배출을 원활하게
하여 신장을 보호하고 혈액 순환을 도우며 지방의 축적을 막는다. 그러나 위장이
약한 사람이 팥을 과다 섭취할 경우 배탈이 날 가능성이 있어 주의한다.
팥은 상하기 쉬우므로 실온에 보관할 때 유의한다.

✱ 콩 127쪽(대두), 177쪽(검은콩_서리태) 설명 참고

✱ 수수 155쪽 설명 참고

TIP

- 전기 압력밥솥에서는 잡곡밥(혹은 오곡밥) 코스로 하고,
  일반 압력밥솥에서는 평소보다 5분 더 길게(15분 정도) 뜸을 들입니다.

Winter

시래기밥

푸근한 고향의 맛, 겨울의 별미

40min

재료

쌀 3컵
시래기 200g
들기름 1큰술
설탕 1큰술

01 시래기는 미리 불린 다음, 삶아서 손질해둔다. (TIP 참고)

02 불려서 삶은 시래기를 물에 깨끗이 씻어 물기를 짠다.

03 부드러워진 시래기를 잘게 자르고 쌀 위에 얹어 들기름 1큰술을 넣고 밥을 한다.

04 밥이 다 되면 고루 섞어준다.

✱ 시래기 기력 회복을 돕고 소화력을 높여주는 식품이다. 시래기의 효능으로는 변비 예방, 급체, 유선염 및 인후통 치료가 있다. 그리고 철분이 많아 빈혈에 효과적이며 혈중 콜레스테롤을 조절하고 항산화 성분, 칼슘 등의 성분이 체내 독소를 제거하는 등 우리에게 이로운 식품이다.

TIP

- **시래기 손질하기**
  물에 3시간 정도 충분히 불린 후, 불린 물에 그대로 불을 켜서
  설탕 1큰술을 넣고 40분 정도 삶습니다. 그리고 제 물에 그대로
  식힌 다음, 건져서 깨끗이 씻어냅니다.
- 나물밥이나 시래기밥 등은 간장양념을 만들어 비벼 먹어도 좋습니다.

Winter

시래기지짐
거칠지만 씹을수록 맛있는 시래기

40min

01 양념 재료를 모두 섞어 둔다.

02 불린 시래기를 4~5cm 크기로 자른 후, 양념에 무친다.

03 냄비에 시래기와 멸치를 넣고 물을 자작하게 부어 30분 정도
약한~중간 불에 푹 끓인다.

04 대파를 송송 썰어 넣고 불을 끈다.

재료

불린 시래기 600g(시판용)
대파 1줄기
국물용 멸치 10마리

양념

된장 3큰술
고춧가루 1큰술
다진 마늘 2작은술
들기름 1큰술

✳ 시래기 199쪽 설명 참고

TIP
· 일반 압력밥솥에서 밥을 하면 10분 정도 뜸을 들여야 합니다.
· 불린 시래기는 시중에서도 살 수 있습니다. 직접 손질하는 방법은
199쪽(시래기밥) TIP을 참고하세요.

Winter

뼈 해장국

속이 확 풀리는 걸쭉한 해장국 한 그릇

90min

01 돼지 뼈는 찬물에 30분 이상 담가 핏물을 뺀다.

02 얼갈이는 씻어서 끓는 물에 2분 정도 데쳐 헹궈서 6~7cm 크기로 자른다.

03 핏물 뺀 돼지 뼈는 끓는 물에 10분 정도 끓여 물을 버리고 뼈를 씻어낸다.

04 씻은 뼈에 물을 넉넉히 부어 푹 무르게 40분 정도 삶다가 데친 얼갈이와 양념 재료를 모두 넣는다.

05 한소끔 더 끓어오르면 대파를 송송 썰어 넣고 불을 끄고 소금으로 나머지 간을 맞춘다.

재료

돼지 뼈 1근(600g)
얼갈이 200g
대파 1줄기
소금 약간

양념

국간장 2큰술
된장 2큰술
고춧가루 1큰술
다진 마늘 1큰술
다진 생강 1작은술

✱ 얼갈이 113쪽 설명 참고

Winter

미역국

언제 어디서나 누구에게나 술술 넘어가는 바다의 국

60min

재료

미역 300g
참기름 2큰술
다진 마늘 1큰술
국간장 3큰술
소금 약간

01   미역을 불린 후, 한입 크기로 자른다.

02   냄비에 참기름을 두르고 미역을 중간 불에서 3분 정도 볶는다.

03   물을 넉넉히 부어 20분 정도 푹 끓인다.

04   다진 마늘과 국간장을 넣고 소금으로 간을 맞춘다.

✱ 미역 195쪽 설명 참고

TIP

- 시중에 판매되는 가공된 미역은 15~30분, 기장미역은 산모가 주로 먹는 줄기미역이어서 좀 더 길게 1시간 정도 불립니다.

Winter

시금치무침

3대 국민 나물 중에 대표적인 푸른 나물

20min

01 시금치는 깨끗하게 씻어 다듬는다.

02 끓는 물에 소금 1큰술을 넣고 1~2분 데친 후, 찬물에 헹군다.

03 시금치를 4cm 정도 크기로 자른다.

04 양념 재료를 모두 섞고 시금치를 양념에 무친다.

재료

시금치 300g
소금 1큰술

양념

국간장 1큰술
다진 마늘 2작은술
다진 대파 1큰술
참기름 1큰술
깨소금 약간

✳ 시금치 신체를 튼튼히 하는 슈퍼푸드이다. 비타민, 엽산, 단백질, 칼슘, 철, 당질, 지방, 섬유소가 풍부하게 들어 있고 구연산 및 비타민 C를 채소 중에서 가장 많이 함유하고 있어서 어린이, 임산부에게 특히 좋은 식품이다.
그 효능으로는 활발한 장운동, 빈혈 치료, 류머티즘이나 통풍에 좋다는 것이다.
그러나, 수산 성분이 들어 있어 장기간 섭취하면 방광과 신장에 결석이 생길 수 있으니 하루에 500g 이하를 먹도록 한다.

가자미식해

이북의 슴슴한 발효 젓갈

60min

01 가자미는 깨끗이 손질하고 바람이 통하는 그늘에서 꾸덕꾸덕하게 될 때까지 1~2일 정도 말린다.

02 조는 씻어서 6시간 정도 물에 불렸다가 찜통에 20분간 찐다.

03 무말랭이는 씻어서 물에 10분 정도 담근 후 물기를 짠다.

04 엿기름은 체에 쳐서 가루만 받는다.

05 양념 재료를 모두 섞고, 무말랭이에 양념을 넣어 잘 비벼둔다.

06 가자미를 한입 크기로 잘라 무말랭이 양념에 넣고 엿기름과 찐 조를 넣어 고루 섞는다.

07 통에 담아 실온에서 3~5일 정도 삭히고, 삭힌 가자미식해는 냉장 보관하면서 먹는다.

재료

가자미 5마리
무말랭이 500g
조(기장) 2컵
엿기름 50g

양념

고춧가루 1컵
액젓 3큰술
매실청 3큰술
다진 마늘 2큰술
다진 생강 1작은술
대파 1줄기
소금 2큰술
설탕 1큰술

✱ 가자미 비타민 함유량이 많아 피부미용에 효과가 있다. 겨울철 까칠한 피부를 보호하고 비타민 A와 콜라겐이 세포막을 강화하면서 주름진 피부를 매끈하게 한다. 그리고 비타민 B1, B2가 각각 신경계 강화, 염증을 치료하며 비타민 D는 칼슘 흡수를 도와 뼈를 튼튼하게 한다. 또한, 가자미에는 몸에 좋은 불포화지방산이 함유되어 있어 동맥경화를 예방하는 효능도 있다.

TIP

· 액젓은 멸치액젓이나 까나리액젓, 다 좋습니다.
· 취향에 따라 덜 삭힌 것을 좋아하면 2~3일 정도, 많이 삭힌 것을 좋아하면 일주일 정도 삭힙니다.

Winter

코다리조림

쫀득하고 담백한 생선살이 한입에 쏙

35min

재료

코다리 2마리
무 300g

양념

고추장 2큰술
고춧가루 1큰술
간장 2큰술
매실청 2큰술
조청 2큰술
다진 마늘 2작은술
다진 생강 1/2작은술
대파 1/2줄기

01 코다리는 깨끗이 씻은 후, 서너 토막을 낸다.

02 무는 한입 크기보다 조금 더 큼직하게 썬다.

03 양념 재료를 모두 섞는다.

04 냄비에 무를 깔고 코다리를 얹은 다음, 양념을 고루 뿌린다.

05 물을 2컵 부어 약한~중간 불에서 20분 정도 졸인다.

✽ 코다리 코다리는 명태를 반건조한 것으로 간을 보호하고 해독 작용이 있어
숙취 해소에 딱 알맞다. 체내 독소를 제거하여 면역력을 높이고 피로해소에도
효과를 보이며 구강 건강, 소화력에도 좋다. 따뜻한 성질이어서 수족냉증인
사람에게 좋고 우울증, 불면증 등 정신적 측면에서도 도움이 된다.

TIP

· 처음부터 뚜껑을 열고 졸이면 코다리가 부서지지 않고 윤기가 나게
   졸여집니다.

Winter

묵은지새우젓찌개

어린 날이 생각나는 칼칼한 찌개

60min

재료

묵은지 500g
쌀뜨물 2컵(400mL)

양념

고춧가루 1작은술
새우젓 1큰술
다진 마늘 1큰술
들기름 1큰술

01 묵은지는 속을 털고 깨끗이 씻는다.

02 묵은지를 물에 30분 정도 담가 군내와 짠 기를 뺀다.

03 양념 재료를 모두 섞어둔다.

04 묵은지를 한입 크기로 썰어 냄비에 담고 양념과 쌀뜨물을 부어 30분 정도 약한~중간 불에 푹 끓인다.

✱ 묵은지 묵은지는 장기간 숙성한 김치로 깊은 맛이 난다. 면역력 증진과 항암 효과가 있고 지방 흡수를 막으면서 체내 독소를 배출하는 효능이 있다. 대부분 여러 음식과 궁합이 좋으며 특히 육류를 섭취할 때 곁들이면 영양 균형이 알맞다.

✱ 새우젓 새우젓은 소화력을 키우는 데 뛰어난 식품 중 하나로 꼽힌다. 그뿐만 아니라 지방을 분해하는 성분이 작용하여 신진대사를 활발하게 한다.

파래전

바다의 영양이 덩어리째 쏙

30min

재료

파래 150g
통밀가루 1컵
물 1과 1/3컵(270mL)
간장 1큰술
참기름 1큰술
식용유 약간

01 파래는 흔들어 씻어 물기를 뺀 후, 종종 썬다.

02 통밀가루에 물을 넣어 부침 농도로 반죽하면서 간장과 참기름을 넣는다.

03 반죽에 파래를 넣어 섞고 팬에 식용유를 둘러 한 수저씩 부친다.

TIP

- 파래전을 할 때에는 파래 대신 매생이를 써도 됩니다. 파래와 매생이에
오징어나 굴, 홍합 등의 해산물을 넣어도 맛있습니다.

파래무침

바닷속 향이 진하게 진하게

20min

재료

파래 100g
무 300g
소금 약간

양념

간장 1큰술
고춧가루 1작은술
다진 마늘 1작은술
식초 1큰술
소금 1/2작은술
설탕 1큰술
깨소금 약간

01 파래는 찬물에 흔들어 씻어서 물기를 뺀다.

02 무는 채 썰어 소금에 10분 정도 살짝 절인다.

03 무의 숨이 살짝 죽으면 파래에 양념 재료를 모두 넣고 무친다.

✱ 파래 파래에는 철분이 많이 함유되어 있어 빈혈에 좋다. 해조류 중에서도
항산화 효과가 뛰어난 편이라 체내 독소를 제거하고 잇몸 건강에 도움이 된다.
또한, 니코틴 독소를 배출하여 흡연자에게도 좋으며 장운동이 활발해져 변비
예방 및 다이어트에도 효과가 있다.

Winter

미나리물김치

추위를 이기는 강한 향이 진하게 남는 물김치

50min

01 무와 배추는 사방 3cm 크기로 나박하게 썰어 소금을 약간 뿌려 30분 정도 절인다.

02 미나리와 대파도 3cm 크기로 썰고, 마늘과 생강은 편으로 썬다.

03 02에 생수 15컵(3L)과 양념 재료를 모두 섞어 잘 저은 뒤에 절여놓은 무와 배추를 넣는다.

04 통에 담아 상온에서 24시간 정도 숙성시킨 뒤 냉장 보관하여 먹는다.

재료

무 300g
배추 300g
미나리 100g
마늘 10알
생강 1쪽
대파 1줄기
물(생수) 15컵(3L)
소금 약간

양념

고춧가루 3큰술
소금 3큰술
설탕 1큰술

✱ 미나리 43쪽 설명 참고

Winter

간고등어지짐

시래기로 마무리한 짭조름한 감칠맛

30min

01　간고등어는 깨끗하게 씻어서 3등분하고, 양념 재료를 모두
　　섞어둔다.

02　불린 시래기는 씻어서 5cm 크기로 자르고, 양념의 절반 분량을
　　넣고 무쳐 냄비 밑에 깐다.

03　고등어를 시래기 위에 올리고 나머지 절반 분량의 양념을 고등어
　　위에 올린 후, 물을 잘박하게 부어 20분 정도 끓인다.

04　국물이 거의 잦아들 때 불을 끈다.

재료

간고등어 2마리
불린 시래기 300g(시판용)

양념

된장 2큰술
간장 2큰술
고춧가루 2큰술
다진 마늘 1큰술
대파 1줄기

✱ 고등어 　대표적인 등푸른생선으로 칼슘이 풍부하여 골다공증 예방에 제격이며
성장기 어린이에게 특히 좋다. 고혈압과 동맥경화 등 혈관 질환에도 효능이
있으며 노화를 방지하는 효과도 있다. 고등어 특유의 비린내는 무가
잘 융화시켜주므로 무와 고등어를 같이 요리하여 먹으면 좋다.

TIP

· 　시래기를 직접 불리고 삶아 손질하는 방법은 199쪽 TIP을 참고하세요.

Winter

꼬막무침

달콤 짭조름하고 쫄깃한 맛둥이

120min

---

01 꼬막은 해감을 한 뒤에 깨끗이 씻어 물에 10분 정도 삶는다.

02 꼬막을 건져낸 다음, 껍질을 한쪽만 떼어낸다.

03 양념 재료를 모두 섞고, 꼬막을 접시에 담아 양념을 얹는다.

재료

꼬막 1kg

양념

간장 2큰술
고춧가루 1작은술
물 2큰술
다진 마늘 1작은술
다진 대파 2작은술
참기름 1작은술
깨소금 약간

✱ 꼬막 철분이 풍부하게 함유되어 있어 빈혈을 예방하는 데 좋으며,
특히 임산부에게 이롭다. 간 해독 작용으로 숙취를 해소하고, 동맥경화 등
혈관 질환을 예방한다. 칼슘, 무기질, 비타민 등 영양소가 고루 함유되어 있어
면역력을 높이기 위한 성장기 어린이가 먹으면 좋고, 어른에게도 강장제 및 피부
개선 효과 등 여러 가지 도움이 된다.

TIP

· **꼬막 해감하기**
조개류는 자체에 모래나 진흙이 있으니 해감을 합니다. 물에 소금을
타서 어둡고 조용한 곳에 조개를 1~2시간 정도 넣어두면 찌꺼기를
토해냅니다.

Winter

청국장

걸쭉하고 쿰쿰한 진짜 우리 맛

20min

재료

청국장 100g(시판용)
무 200g
김치 100g
두부 1/2모
쌀뜨물 3컵(600mL)

청국장

메주콩(대두) 2컵

01. 뚝배기에 무를 납작하게 썰어 넣고 쌀뜨물 3컵(600mL)을 부어 끓인다.

02. 무가 익으면 청국장과 송송 썬 김치를 넣고 끓인다.

03. 청국장이 끓기 시작하면 바로 두부를 넣고 두부가 뜨면 불을 끈다.

청국장 직접 만드는 법

1. 메주콩(대두)을 6시간 이상 불린다.

2. 물을 충분히 붓고 1시간 정도 푹 끓인다.

3. 미지근히 식으면 통에 담아 지푸라기를 군데군데 넣어 뚜껑을 덮고 온도가 일정한 따뜻한 곳에서 2~3일 발효시킨다.

4. 하얀 진이 나오면 발효가 잘 된 것이니 한번 먹을 만큼 덜어서 냉장 보관한다.

＊요구르트나 청국장 발효기 등을 이용하면 편리하다.

＊ 청국장 청국장은 자양 강장, 빈혈 예방을 돕는 효과가 있다. 지방 흡수를 막고 콜레스테롤을 배출하여 다이어트에도 좋으며 칼슘의 흡수율을 높여서 뼈 건강에 이롭다. 꾸준히 섭취하면 혈관 질환, 뇌졸중 예방에도 좋은 식품이다.

TIP

· 옛날에는 청국장을 오래 끓여 먹었지만, 청국장엔 몸에 유익한 균이 많다고 알려져 요즘은 마지막쯤에 넣어서 살짝 끓여 먹는 추세입니다.

Winter

순두부
순수한 건강 맛

50min

(01) 콩은 씻어서 6시간 이상 미리 불려둔다.

(02) 믹서에 물을 넣고 콩을 곱게 갈아내어 베보자기에 넣고 콩물만 짜낸다.

(03) 콩물을 끓이고, 끓기 시작하면 간수(혹은 소금물)를 넣은 후 저어주면 콩물이 굳기 시작한다. 5분 정도 잠시 두면 몽글한 순두부가 된다.

(04) 양념 재료를 모두 섞어 양념장을 만들고, 순두부에 양념장을 곁들여서 낸다.

재료
콩(대두) 4컵
간수 약간(혹은 소금물)

양념
간장 3큰술
고춧가루 1작은술
물 3큰술
참기름 1큰술
다진 마늘 1작은술
다진 대파 1큰술

✳ 두부 두부는 단백질과 칼슘이 풍부해 뼈 건강에 좋다. 뇌 건강, 치매 예방, 심장병 예방에도 도움을 주며 항산화 작용으로 세포 노화 방지, 장운동을 활발히 하여 소화력을 증진하도록 한다. 콩으로 섭취하는 것보다 두부로 만들어 먹는 것이 소화 흡수율이 더 높다.

TIP
- 간수를 쓸 때는 덩어리 1큰술을 물 2컵(400mL)에 녹여서, 소금물을 쓸 때는 천일염 3큰술을 물 2컵(400mL)에 녹입니다.

Winter

조깍두기

시원한 무와 톡톡 터지는 좁쌀의 조화

60min

01 조는 6시간 정도 미리 불려 찜통에 30분간 찐 후 실온에서 30분 정도 식혀둔다.

02 무는 한입 크기보다 조금 더 큼직하게 썰어 소금 2큰술을 넣고 30분 정도 절인다.

03 양념 재료를 모두 섞고 식힌 조와 섞는다.

04 절인 무를 건져서 조를 섞은 양념에 버무린다.

05 통에 담아 실온에서 하루(24시간 정도) 익혀 냉장 보관한다.

재료

무 1.6kg
조(기장) 2컵
소금 2큰술

양념

고춧가루 1컵
액젓 1/4컵
다진 마늘 1큰술
다진 생강 1작은술
대파 1줄기
소금 1큰술

✱ 무 139쪽 설명 참고

✱ 조(기장) 191쪽 설명 참고

TIP

• 액젓은 멸치액젓, 까나리액젓 등 집에 있는 것으로 쓰면 됩니다.

Winter

고사리나물

곤드레나물

애호박고지나물

묵나물/고사리나물

고기보다 더 맛있는 전통나물

30min

① 고사리를 3시간 정도 미리 불린 후, 15분 정도 삶아서 제 물에 그대로 식힌다. 부드러워진 고사리의 줄기를 다듬고 씻어서 5cm 크기로 썬다.

② 양념 재료를 모두 섞고, 양념에 고사리를 조물조물 무쳐 간이 배게 한다.

③ 간이 배었으면 팬에 참기름을 두르고 고사리를 약한 불에서 5분 정도 볶는다.

④ 볶은 후, 한 김 식으면 다시 손으로 주물러 간이 잘 배게 하여 담아낸다.

재료

고사리 200g
참기름 약간

양념

간장 1큰술
다진 마늘 1작은술
다진 대파 1큰술
참기름(들기름) 2작은술
깨소금 약간

✳ 묵나물 묵나물은 묵혀 두었다가 먹는 나물이라는 뜻으로 생것 그대로 혹은 살짝 삶아서 말려두었다가 다음 해에 먹는 나물을 말하는데 예로부터 약용으로 자주 쓰였고 채소가 귀했던 겨울철에 음식 재료로 잘 활용되었다. 정월 대보름에 삶아서 먹으면 그해 더위를 먹지 않는다는 이야기도 전해져 온다. 묵나물에는 철분, 미네랄과 더불어 섬유소가 풍부하여 피로해소에 좋고 신경을 안정시키며 원활한 혈액 순환, 면역력 증진 등 우리 몸이 건강할 수 있게 돕는다. 최근에는 묵나물에 '생리활성물질'이 함유되어 있다는 것이 알려져 암 예방, 회복 환자에게 각광을 받기도 한다.

TIP

• 양념의 기름은 들기름, 참기름 구분 없이 써도 맛있습니다. 경기도는 참기름을, 전라도와 경상도는 들기름을 주로 써왔습니다.

Winter

25min

재료

곤드레 200g
들기름 약간

양념

간장 1큰술
다진 마늘 2작은술
다진 대파 1큰술
들기름 1큰술
깨소금 약간

묵나물/곤드레나물

산속의 맛, 향긋한 묵나물

01 곤드레는 3시간 정도 미리 불려놓고 불린 곤드레를 10분 정도
삶아 헹군 다음, 5cm 크기로 자른다.

02 양념 재료를 모두 섞고 곤드레를 넣어 무친다.

03 간이 적당히 배면 팬에 들기름을 두르고 약한 불에서
10분 정도 볶는다.

04 한 김 식힌 후, 손으로 주물러 간이 완벽하게 배게 한 후 담는다.

TIP

· 묵나물은 충분히 불려서 제 물에 삶아 그대로 식혀야 부드럽습니다.
삶을 땐 물에 설탕 1~2큰술 정도 넣고 40분 정도 삶으면 더욱
식감이 좋아집니다. 만약 나물이 질기면 육수나 물을 조금씩 넣어가며
볶아줍니다.

묵나물/애호박고지나물

달콤하고 고소한 애호박 볶음

15min

01 애호박고지를 20~30분간 미리 불려놓는다.
(너무 많이 불리면 퉁퉁 불어 맛이 없다)

02 양념 재료를 모두 섞고, 불린 애호박고지를 꼭 짜서 양념에
무친다.

03 간이 배면 팬에 들기름을 두르고 약한 불에서 10분 정도 볶는다.

04 한 김 식힌 후, 들깻가루를 넣고 고루 무친다.

재료

애호박고지 200g
들깻가루 약간
들기름 약간

양념

다진 마늘 2작은술
다진 대파 1큰술
들기름 1큰술
소금 1/4작은술
들깻가루 1큰술

TIP

- 묵나물을 볶을 때는 먼저 간을 한 후 주물러 볶은 뒤에 다시 한 번
무쳐내야 간이 겉돌지 않고 쏙 배게 됩니다. 기름을 줄이고 깨소금이나
들깻가루 등을 충분히 넣으면 담백하며 고소한 풍미가 살아납니다.

Winter

묵잡채

배토롬하고 담백한 맛이 쫄깃한 식감으로 탄생

60min

01 말린 도토리묵은 물에 30분 정도 불린 후, 부드러워질 때까지 5~10분간 삶는다.

02 애호박고지, 무말랭이, 목이버섯, 표고버섯은 물에 10분 정도 살짝 불려 놓는다.

03 양념 재료를 모두 섞어둔다.

04 팬에 식용유를 두르고 불려둔 02 의 채소들을 5분 정도 볶는다.

05 채소들이 충분히 볶아지면 삶은 도토리묵과 만들어둔 양념을 넣고 5분 정도 볶는다.

재료

말린 도토리묵 100g
애호박고지 50g
무말랭이 50g
목이버섯 10g
표고버섯 30g
식용유 약간

양념

간장 2큰술
조청 1큰술
참기름 1큰술
후춧가루 1/2작은술
통깨 1작은술

✱ 도토리 137쪽 설명 참고

Winter

오징어순대

오징어 속에 또 맛있는 소가 듬뿍

60min

01 찹쌀은 30분 정도 불려놓고 불린 시래기는 곱게 다진다.

02 오징어는 몸통 쪽으로 내장을 빼고 깨끗이 씻는다.

03 양념 재료를 모두 섞는다.

04 찹쌀에 시래기와 오징어의 다리 살을 다져 넣고 양념으로
잘 버무려 소를 만든다.

05 오징어 몸통에 만든 소를 넣고 끝을 이쑤시개로 엇갈려 막는다.

06 찜통에 오징어를 30분간 찐 후, 식으면 한입 크기로 썬다.

재료

오징어 2마리
찹쌀 2컵
불린 시래기 400g(시판용)

양념

된장 1큰술
고춧가루 1큰술
간장 2큰술
고추 2개
다진 마늘 1큰술
다진 생강 1작은술
대파 1줄기
참기름 1큰술
후춧가루 약간

✳ 오징어 오징어는 고단백질 식품으로 혈액 순환을 활발히 하며 뇌세포 형성에
효과가 있다. 오징어에 함유된 타우린 성분은 피로해소에 큰 도움이 되며, 체내
콜레스테롤 수치를 조절하는 역할을 한다. 또한, 오징어는 당뇨병, 편두통 예방,
간 해독작용 증진, 심장 질환 예방에 효능이 있다.

TIP

• 시래기를 직접 불리고 삶아 손질하는 방법은 199쪽 TIP을 참고하세요.

Winter

좁쌀만두

이런 만두는 처음이야!

50min

재료

만두피 20장
좁쌀(기장) 1컵
김치 200g

양념

간장 1큰술
고춧가루 1큰술
참기름 1큰술
다진 마늘 1큰술
깨소금 약간

01 　좁쌀을 반나절(6시간 정도) 미리 불려둔다.

02 　불려둔 좁쌀을 30분 정도 찌고 김치는 꼭 짜서 송송 썬 다음,
　　양념 재료를 모두 섞어둔다.

03 　찐 좁쌀에 김치와 양념을 넣고 소를 만든다.

04 　만두피에 넣고 빚는다.

05 　찜통에서 10분 정도 쪄낸다.

✱ 좁쌀(조/기장) 191쪽 설명 참고

Winter

호박팥시루떡

단 맛 나는 호박과 구수한 팥의 건강한 만남

재료

쌀가루 500g
호박고지 200g
팥 1과 1/2컵
흑설탕 2큰술
설탕 5큰술
소금 1작은술

01 팥은 반나절(6시간 정도) 미리 불린 다음, 30분간 삶아둔다.

02 호박고지는 20~30분간 물에 불려 한입 크기로 자른 뒤에 흑설탕 2큰술을 넣고 10분 정도 졸인다.

03 쌀가루에 물을 넣고(소주잔 1컵 정도) 설탕 5큰술, 소금 1작은술을 넣어 체에 내린다.

04 쌀가루에 졸인 호박고지와 삶은 팥을 넣고 잘 섞는다.

05 찜기에 김이 오르면 젖은 면 보자기를 깔고 04의 떡살을 앉히고 김이 안 새게 마무리해서 30분 찐다.

06 10분 정도 뜸을 들여 마무리한다.

✽ 늙은 호박 183쪽 설명 참고

✽ 팥 197쪽 설명 참고

TIP
- 떡에 쓰는 호박고지는 늙은 호박을 주로 씁니다.

밤홍시떡말랭이

구황 음식의 고급 버전

50min

01 밤은 껍질을 까서 20분간 푹 삶는다.

02 삶은 밤과 씨를 뺀 홍시, 호두를 커트기에 넣고 곱게 간다.

03 ⑫의 밤 반죽을 손으로 동글납작하게 빚는다.

04 채반에 널어 꾸덕꾸덕할 때까지 그늘에서 1~2일 정도 말린다.

05 냉동실에 보관하고 간식처럼 꺼내먹는다.

재료

밤 500g
홍시 2개
호두 100g

✱ 밤 141쪽 설명 참고

✱ 홍시 홍시는 위장을 보호하여 위궤양을 예방하는 데 효능이 있다.
그리고 지사제 역할을 하며 지방이 쌓이는 걸 막는다. 위장 내의 열독을 제거하고
알코올 흡수를 막아 술을 마실 때 잘 취하지 않게 하므로 애주가들에게 좋다.
다만, 과다섭취할 경우 변비에 걸릴 가능성이 있다. 변비가 걱정된다면 홍시
대신 곶감을 먹어도 좋다. 곶감에 함유된 타닌 성분은 활성화되지 않아 변비 예방
효과가 있다.

✱ 호두 단백질과 몸에 좋은 불포화지방산이 풍부하게 함유되어 있어
콜레스테롤 수치를 조절하고 각종 성인병 예방, 혈관 질환 예방에 좋은 식품이다.
또한, 빈혈 예방, 피부미용, 모발 건강에도 좋고 항산화 작용을 통해 노화를
방지하며 체내 노폐물 배출 및 영양소가 풍부하여 체력 증진에도 도움을 준다.

TIP

· 커트기가 없으면 호두는 다져 넣고 곱게 으깨면 됩니다.

Winter

봄 한상차림 *spring*

부모님께 대접하고 싶은 봄의 밥상

꽁보리밥에 구수한 봄동된장국, 제일 맛있다는 봄 조기를 찌고
봄나물 무침과 향긋한 봄나물 된장전에 마음이 따뜻해집니다.

여름 한상차림

친구들과 시원하게 수다 떨며 먹는 여름 밥상

주먹밥에 시원한 오이짠지냉국, 텃밭에서 뜯어 온 상추로 바로 전을 부치고,
여름 채소로 이리저리 차린 밥상은 더위까지 챙겨줍니다.

고마운 어르신들께 차려드리면 좋을 가을 밥상

달콤한 연근밥, 시원한 연포탕, 누구나 좋아할 호박범벅과
담백한 묵전으로 입맛을 돋웁니다. 서리태가 가득한
콩설기는 간식으로 먹기에 딱 좋지요.

winter

온 가족이 둘러앉아 오순도순 먹는 겨울 밥상

조밥에 따끈한 미역국은 매일매일 생일 같은 밥상이지요.
꼬막, 파래전, 묵나물 등 따뜻한 요리를 먹으면
가슴 속 깊은 곳에서부터 추억이 돋아납니다.

재료별 색인

도움 주신 고마운 분들

다이닝오브제(Dining Objet)

'요리하는 재미, 담아내는
즐거움, 차려먹는 행복'
이라는 캐치프레이즈와 함께
시작된 공예 갤러리. 작가의
오리지널리티가 담긴 작업을
소개하며 전통에서부터 트렌디한
모던 공예에 이르기까지 다양한
스펙트럼을 보유하고 있다.
오프라인 매장과 온라인 몰을
갖춘 온/오프 공예 플랫폼으로써,
즐거운 요리와 플레이팅을 위해
노력한다.

http://diningobjet.com
서울시 강남구 논현로 707
용덕빌딩 B2F
02-1666-3745

도예가 조순제

그릇이 우리의 문화가 되는,
생활도자기 작업을 주로 하고
있다. 각종 도예전에 초대되어
활동 중이다.

경기도 이천시 신둔면 지석리
397-1
010-9621-1310

도예가 권신

무극도예연구소라는 도자기
공방을 열어 생활도자기를
조형화하고 도자기의 새로운
기능에 초점을 맞추어 작업한다.
현재 한국 미술협회 회원이면서
대한민국 미술대전 초대작가로
활동 중이다.

http://www.kwonshin.com
충북 음성군 금왕읍 신내로
695번길 79-8(무극도예연구소)
043-877-2669
010-3471-0488

자연을 올린
제철밥상

EBS 〈최고의 요리비결〉 윤혜신의
구황작물로 만드는 101 건강 레시피

초판 1쇄 인쇄 2016년 5월 17일
초판 1쇄 발행 2016년 5월 24일

저자   윤혜신
펴낸이   이준경
편집이사 홍윤표
편집장   이찬희
편집   이가람
디자인   강혜정
사진   김남헌 Studio B612
마케팅   이준경

펴낸곳   (주)영진미디어
출판등록 2011년 1월 6일 제406-2011-000003호
주소   경기도 파주시 문발로 242 파주출판도시 (주)영진미디어
전화   031-955-4955
팩스   031-948-7611

홈페이지 www.yjbooks.com
이메일   book@yjmedia.net
ISBN   978-89-98656-57-7 13590
값   15,000원

이 도서의 국립중앙도서관 출판예정도서목록(CIP)은 서지정보유통지원시스템
홈페이지(http://seoji.nl.go.kr)와 국가자료공동목록시스템(http://www.nl.go.kr/kolisnet)에서
이용하실 수 있습니다.(CIP제어번호: CIP2016011277)